应用型本科高校系列教材·电子电工类

薄膜电容器设计与应用

主　编　王丽萍　袁　静

副主编　朱云国　陈　伟　张丽梅

编　委（以姓氏笔画为序）

刘传洋　江菊香　吴卫兵

陆　媛　周云艳　胡　超

中国科学技术大学出版社

内 容 简 介

本书是校企合作课题研究成果，在已经开展3年的行业培训的讲义基础上由校企联合编写。本书以薄膜电容器为载体，详细介绍产品的设计方法、生产工艺、质量控制以及应用领域，旨在帮助学生提升对生产工艺和质量控制的认知，也可以指导相关人员的生产实践。

本书适用于电子信息、自动化、电气及其自动化、机电一体化等相关的专业实习实训，也可供电容器行业企业开展技术培训使用。

图书在版编目(CIP)数据

薄膜电容器设计与应用 / 王丽萍，袁静主编 . -- 合肥 ：中国科学技术大学出版社，2024.9. -- ISBN 978-7-312-06102-8

Ⅰ. TM53

中国国家版本馆CIP数据核字第2024A05G08号

薄膜电容器设计与应用

BAOMO DIANRONGQI SHEJI YU YINGYONG

出版 中国科学技术大学出版社

安徽省合肥市金寨路96号，230026

http://press.ustc.edu.cn

https://zgkxjsdxcbs.tmall.com

印刷 合肥市宏基印刷有限公司

发行 中国科学技术大学出版社

开本 787 mm×1092 mm 1/16

印张 8.25

字数 165千

版次 2024年9月第1版

印次 2024年9月第1次印刷

定价 48.00元

前　言

随着电子技术日新月异的发展,电容器作为三大无源元件(电阻、电容器、电感器)之一,被广泛应用于各类电器装置中,小至与人们生活密切相关的空调、冰箱、洗衣机、电磁炉、彩电等家用电器,大至电网输变电系统、风力发电或光伏发电变流器、高铁或动车牵引系统、新能源汽车点火装置、充电桩、航天航空、军舰、战斗机电磁弹射系统等领域,无一不需要使用薄膜电容器。尤其随着近年生活水平的日益提高,消费者对家电性能的要求越来越高,如环保节能、长寿命、静音等,导致对电容器性能和品质的提升需求十分迫切。

本书较为全面地分析和阐述了有机薄膜电容器的基本工作原理、产品设计、关键工艺、检验试验等核心技术要素,以及所涉及的相关技术难点。第1章主要介绍了电容器的基本工作原理、薄膜电容器的分类和一般性能,以及电容器生产过程及重要工序对性能的影响等。第2章介绍了有机介质薄膜电容器的工作原理、制造工艺,以及主要应用等。第3~8章分别介绍了低压并联电力电容器、交流滤波电容器、直流脉冲电容器、直流支撑电容器、CBB系列交流电容器、电磁炉电容器的基本工作原理、制造工艺、检验标准、可靠性(或型式)试验等。第9章介绍超级电容器的发展历程、工作原理、主要技术参数、典型应用等。各章均配备了相关习题,以巩固和加强所学知识。

本书是在安徽航睿电子科技有限公司深耕薄膜电容器行业28年积累的丰富的实践经验基础上,通过校企合作,历经3年的资料整理撰写而成的。王丽萍、袁静担任主编,朱云国、陈伟、张丽梅担任副主编。其中铜陵学院王丽萍编写第1章,黄山学院周云艳编写第2章和第3章3.4节,铜陵学院胡超编写第3章3.1~3.3节和第4章,铜陵学院陆媛编写第5章和第6章,池州学院刘传洋编写第7章,铜陵学院朱云国编写第8章,铜陵学院吴卫兵编写第9章,安徽航睿电子科技有限公司张丽梅、江菊香编写附录,各章的基本工作原理等内容主要由安徽航睿电子科技有限公司陈伟编写,安徽工程大学朱贤东参与编写,并对全书部分内容提出建设性的修改意见。安徽航睿电子科技有限公司总经理袁静负责全面的技术指导和全书的统筹优化,铜陵学院王丽萍负责统稿定稿工作。在此,对全体成员表示衷心的感谢,同时感谢支持本书出版的企业和中国科学技术大学出版社编辑给予的宝贵意见。

本书获安徽省省级质量工程规划教材建设项目立项资助。书中所有的理论数据均来源于实践中积累的原始数据,真实准确。考虑到实际应用中的问题,书中除电容器方面相关的技术参数外,同时为行业标准制定、质量管理、质量检验等也提供了相关帮助,也为同行业研究人员在技术支持和质量管理研究方面提供参考。

当前是一个发展创新的世纪,更是一个催人奋进的时代。科学技术飞速发展,知识更新日新月异。希望、困惑、机遇、挑战随时随地可能出现在每一个社会成员的生活中。抓住机遇,寻求发展,迎接挑战,适应变化的制胜法宝就是学习,以实践指导学习!

在成书的过程中,尽管我们尽了最大的努力,但书中难免存在不妥之处,欢迎各界专家和读者提出宝贵意见和建议(邮箱:676227113@qq.com)。

编　者

2024年6月

目　　录

第1章　电容器概述

电容器是电子设备中使用较为广泛，用量较为大，且不可替代的电子元件之一。常应用于电子电路的隔直、耦合、旁路、滤波、谐振和能量转换等功能模块，也被广泛应用于电力系统中，是改善功率、提高电网质量的重要器件。

1.1　电容器的基本工作原理

电容器是一种存储电荷的元器件，通常简称电容，是由两个或两个以上的导体（金属极板）中间隔以电介质构成的元件。电容器具有储存电荷和电势能的能力，其储存电荷能力的物理量称为电容量，电容量用极板上所带电荷量和加在极板之间的电压的比值表示，这是电容器的基本性能。

电容器的基本结构如图1-1所示，是由两个导体极板之间夹有一层绝缘材料（介质），如空气、纸、陶瓷、聚乙烯、聚丙烯等组成。当电容器连接电源时，导体板之间的绝缘介质会阻止电子的正常流动，在电容内部形成一个电场，将电荷储存其中，从而实现储能（充电）功能。

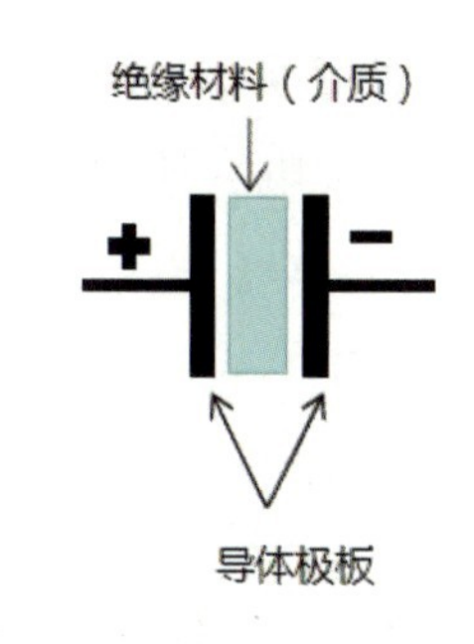

图1-1　电容器结构示意图

（1）电容器的容量：当两极板分别带有等量异号的电荷Q时，极间的电势差为V，则两者之比就称为电容器的电容量（简称容量）。电容器的电容量计算公式如下：

$$C=\frac{Q}{V}$$

其中，C表示电容量，Q表示储存的电荷量，V表示导体板之间的电势差。

一般电容　可变电容　电解电容

图1-2　电容器的符号

（2）电容器的符号：常见的有一般电容、可变电容、电解电容，其电路符号如图1-2所示。

(3) 电容器的基本单位:法拉(F)、毫法(mF)、微法(μF)、纳法(nF)、皮法(pF),其换算关系如下:

$$1\text{F} = 10^3\ \text{mF} = 10^6\ \mu\text{F} = 10^9\ \text{nF} = 10^{12}\ \text{pF}$$

电容器的标识一般有3种:

(1) 直接标称法:如标定的数字是1~4位整数,则单位是pF,如100为100 pF。如果数字带小数,则单位是μF,如0.001为0.001 μF。

(2) 文字符号法:用文字与数字混合标注,若字母在中间,则充当小数点。

(3) 色码表示法:与电阻相同,沿引线方向,用不同的颜色环表示不同的数字。

第1种和第2种表示电容量,第3种有效数字后零的个数表示不同颜色。颜色意义分别为:黑=0、棕=1、红=2、橙=3、黄=4、绿=5、蓝=6、紫=7、灰=8、白=9。

电容器的识别主要看引脚上面的标识,一般会标出容量和正负极,也有用引脚长短来区别正负极,长脚为正极,短脚为负极。

1.2 电容器的分类及主要技术参数

1.2.1 电容器的分类

按结构可分为固定电容、可变电容、微调电容。按极性可分为有极性电容和无极性电容。按电介质材料可分为空气电容器、纸介电容器、有机薄膜电容器、云母电容器、陶瓷电容器、电解电容器等。我们最常见到的就是电解电容。按照应用功能可分为低压并联电力电容器、交流滤波电容器、直流脉冲电容器、直流支撑电容器、电磁炉电容器、交流启动电容器等。

1.2.2 电容器的主要技术参数

电容器的主要技术参数:标称电容量与允许偏差、电压、损耗、绝缘电阻、漏电流、电容温度系数、电感、等效并联电阻等。

1. 标称电容量与允许偏差

电容器的电容量是指电容器加上电压后储存电荷的能力,储存电荷的多少决定着电容量的大小。储存电荷量越多,电容量越大。电容量大小与电极的有效面积、介质厚度和介质的介电常数有关。电极的有效面积越大,介质越薄(即电极间的距离越短),介质的介电常数越大,则电容量也越大。平行板电容器的电容量的关系式为:

$$C=\frac{1}{9\times10^{11}\times4\pi}\cdot\frac{\varepsilon S}{d}=\frac{\varepsilon S}{3.6\times10^{12}\pi d}$$

式中，ε是介质的介电常数；S是电极的有效面积(cm^2)；d是介质厚度(cm)；C是电容量(F)。

每一个电容器上都标有所设计的电容量，称为标称容量。它与实际电容量之间有一定的差别，称为容量偏差，如果偏差在允许的范围内则称为允许偏差。电容器必须具有一定容量的允许偏差，用户对容量的要求通常伴随一定的允许误差一起提出。为了满足用户对容量的要求，电容器的标称容量必须按照实际容量具有某种偏差的一系列值进行标记，这就是通常所说的固定式电容器标称容量系列。

我国采用的固定式标称容量系列是按E24、E12、E6三个系列所计算出来的数值，并经过修正而得到的一系列优选数值所组成，它们对应的允许偏差分别为±5%(Ⅰ级)、±10%(Ⅱ级)、±20%(Ⅲ级)。

三个系列内的修正数值x是按以下算式计算并经过必要的修正而得：

E24系列：$x=\sqrt[24]{10^n}=\ln^{-1}\frac{n}{24},\ n=1,2,\cdots,24$；

E12系列：$x=\sqrt[12]{10^n}=\ln^{-1}\frac{n}{12},\ n=1,2,\cdots,12$；

E6系列：$x=\sqrt[6]{10^n}=\ln^{-1}\frac{n}{6},\ n=1,2,\cdots,6$。

2. 电压

(1) 额定工作电压：指在规定的工作温度范围内，电容器能够长期(工作寿命内)可靠工作的最高电压。

(2) 击穿电压：电容器介质被击穿时的临界电压。

(3) 试验电压：电容器在出厂前，必须经过耐压试验，所施加的测试电压称为试验电压。试验电压施加时间为10 s或1 min。试验电压值的大小介于击穿电压和工作电压之间，三者存在一定的比例关系，其比例系数因电容器的种类和规格而异。

3. 损耗

电容器在使用过程中消耗的电能称为电容器的损耗。电容器的能量损耗是由介质损耗和金属部分的损耗所组成的。其中介质损耗与电容器的介质特性、使用频率、温度等有关。而金属部分的损耗则与电容器中采用的引出线、极板等所用的材料以及芯结构等因素有关。电容器中能量损耗以哪一部分为主，主要根据具体电容器及其使用条件而定。

损耗角正切：在理想电容器中，当通过正弦交流电时，电流超前电压的相位角为90°，电容器不消耗能量，损耗功率为$UI\cos\varphi=0$。但是实际电容器中有能量损耗存在，相位角 φ 小于 90°，其余角 δ 称作损耗角（$\varphi+\delta=90^\circ$）。电容器的损耗功率为 $UI\cos\varphi$ 或 $UI\sin\delta$，$\cos\varphi$ 或 $\sin\delta$ 称为功率因数。一般电容器的损耗角 δ 很小，通常可以将 $\cos\varphi$ 或 $\sin\delta$ 近似为 $\tan\delta$。

损耗角正切 $\tan\delta$ 是表征电容器或介质损耗质量的重要参数，它是电容器或介质的有功功率（损耗功率）与无功功率之比，即

$$\frac{P_{有}}{P_{无}}=\frac{UI\sin\delta}{UI\cos\delta}=\frac{\sin\delta}{\cos\delta}=\tan\delta$$

4. 绝缘电阻

电容器的绝缘电阻定义为加在电容器上的电压与通过电容器漏电流的比值。例如，外加电压为 U（V）、漏电流为 I（μA），则电容器的绝缘电阻公式为

$$R=U/I。$$

电容器的绝缘电阻是电容器的重要参数之一，单位一般用兆欧（MΩ）表示。电容器应具有高绝缘电阻，一般在5000 MΩ以上。

关于电容器绝缘电阻的测试电压和测试时间，应根据具体的电容器和技术要求而定。

5. 漏电流

当理想电容器加上直流电压时，电流随时间增加逐渐下降到零，电容器两端的电压逐渐增加至近似于外加的电压。实际电容器在充电时，电流并不会到零，而是降至某一恒定的数值，该电流称为电容器的漏电流。漏电流主要是由电容器中的自由离子和电子在电场的作用下移动而形成的。电解电容器的绝缘电阻一般以漏电流来表示，其数值与电容量大小、施加电压值有关。即

$$I_L=KCU$$

式中，I_L 为漏电流（μA），C 为标称电容量（μF），U 为额定工作电压（V），K 为与电容器类型有关的常数（例如钽电解电容器，K 值范围为0.02～0.04）。

6. 电容温度系数

电容温度系数指在一定温度范围内，温度每变化1℃，电容的相对变化值。电容随温度的变化，在很大程度上取决于介质的介电常数随温度的变化，同时与电容器几何尺寸受温度变化的影响程度有关。如果电容与温度的关系是线性的，则电容温度系数为

$$\alpha=\frac{1}{C_0}-\frac{C_t-C_0}{t-t_0}$$

式中，C_0 是室温 t_0 时的电容，C_t 是温度 t（最高或最低工作温度）时的电容，α 是电容温

度系数（α一般很小，常用10^{-6}/℃表示）。如果电容与温度的关系是非线性的，按上式算出来的是电容温度系数的平均值。电容温度变化百分率是指由室温到最高温度时电容量的变化，即有

$$\frac{\Delta C}{C}=-\frac{C_t-C_0}{C_0}\times 100\%$$

式中，C_0为室温时电容器的电容，C_t为正负极限温度时电容器的电容，ΔC为电容温度变化百分率。

对于一些电容量随温度变化较大而且在应用中对这方面没有严格要求的电容器，通常用电容量温度变化百分率来表示其电容量的温度特性。

7. 电感

当电流通过电容器时，其导体部分会产生电感，称为电容器的电感。电容器的电感主要由芯子电感、引出线电感和金属外壳电感组成，其电感量通常在几个毫微亨到几百微亨。由于电容器有电感存在，随着工作频率的增高，电容器的感抗也增加。当工作频率超过电容器的谐振频率

$$f=\frac{1}{2\pi\sqrt{LC}}$$

式中L为电容器的电感，C为电容器的电容）时，电容器就变成了电感器。所以，电容器由于电感的存在限制了它的工作频率上限。在脉冲电路中，电容器的电感将影响脉冲波形和限制脉冲频率；在其他电路中，还会降低滤波效果和减缓充放电时间，甚至在电路通断瞬间，有在电容器上形成数倍过电压的危险。为了减少电容器的电感，可以从电容器的结构设计和制造工艺等方面进行改进。

8. 等效并联电阻

在分析电容器的损耗角正切时，可以将电容器的有功功率看作是消耗在一个等效电阻上，储存能量的是一个等效电容，可以由等效串联电路或等效并联电路表示。

在电容器的等效并联电路中，$\tan\delta=1/(R\omega C)$，其中，$\omega=2\pi f$（f为频率），R为等效并联电阻（Ω）。当电容器的等效并联电阻R越小时，电容器的$\tan\delta$越大，说明介质中漏电流越大，电容器介质中的损耗越大。

9. 电介质

（1）电介质击穿。把电压加到电介质上，并逐渐升高电压，当电压超过某一极限位时，通过介质的电流急剧增加，电介质的介电性能被破坏，这种现象称为电介质击穿。这时的电压称为电介质的击穿电压，相应的电场强度称为击穿电场强度。电介质的击穿在一般情况下分为电击穿、热击穿和老化击穿等，详细情形如下：

① 电击穿是加于电介质上的电压过高使电介质的微观结构破坏，以致出现显著的电子电导，从而出现两电极间短路的现象。

② 热击穿是电介质长期工作时，电介质中的热平衡被破坏，从而导致其内部由于介质损耗所产生的热量超过散出去的热量，最后出现介质热崩溃的现象。这种击穿在高频、高压情况下特别容易发生。

③ 老化击穿是由于介质在电场的长期作用以及外界因素的影响下，导致电介质老化、电性能逐渐下降，从而引起的一种击穿现象。

(2) 电介质绝缘强度。电介质在不被击穿的情况下所能承受的最高电场强度称为电介质的绝缘强度，通常用“kV/mm”表示。绝缘强度与介质的微观结构、厚度、温度、电压频率和波形以及施加电压的方式等因素有关。绝缘强度也称为介电强度、抗电强度或耐压强度。

1.3 薄膜电容器的分类及型号命名

在众多的电容器中，以薄膜为介质的薄膜电容器最为常见，其用途广、种类多。

1.3.1 薄膜电容器的分类与特点

按介质极性分类，主要分为非极性有机薄膜电容器(包括聚乙烯电容器、聚丙烯电容器、聚苯乙烯电容器、聚四氟乙烯电容器等)和极性有机薄膜电容器(包括聚酯电容器、聚酰亚胺电容器、聚砜电容器等)。

按结构分类，分为卷绕式电容器、叠片式电容器、内串式电容器。

按封装形式与引线方式分类，主要分为贴片电容器、轴向引线电容器、同向引线电容器、双列直插电容器、插脚式电容器、螺栓电容器、穿心电容器等。

按用途分类，主要分为用于功率因数补偿的电力电容器、高功率瞬时放电的脉冲电容器、工作电压高达数万甚至数十万伏的高压电容器、中频或高频感应加热的感应加热电容器、应用于高频场合的高频电容器、应用于高频功率电路的高频功率电容器、应用于工频整流滤波或直流支撑以及“高频”整流滤波的滤波电容器等。最常见的薄膜电容器有聚酯电容器、聚丙烯电容器、聚碳酸酯电容器、聚乙烯电容器、聚苯乙烯电容器等，这些薄膜电容器各具特点。

1. 聚酯电容器

聚酯电容器的电容量和电压范围很宽，电容量可从一百皮法到几百微法，电压可由几十伏到上万伏，因此既有小型低压电容器，又有高压大容量电容器（适用作储能电容器）。聚酯电容器的比电容大，耐热性好（可长期在120～130 ℃温度下工作）。但其损耗较大，电参数的温度频率特性不稳定，一般不适合在高频情况下使用。

聚酯电容器有浸涂包封、灌注包封等半密封形式和金属外壳封装等全密封形式。在极性有机介质电容器中，聚酯电容器产量大、应用广，可以部分代替纸介电容器。

2. 聚丙烯电容器

聚丙烯电容器是以非极性的聚丙烯薄膜（PP）为介质制成的，有箔式和金属化两种。其电性能优良，具有低损耗、低介质吸收、高介质强度、非常高的绝缘电阻和电容量的负温度系数等特点。与聚苯乙烯电容器相似，但由于聚丙烯的绝缘强度比聚苯乙烯高，所以其比电容大；电容量温度稳定性比聚苯乙烯电容器稍差。这种电容器的耐热性较好，能耐100 ℃以上的高温。可应用于振荡器、滤波器、脉冲整形电路、电力电子缓冲线路的缓冲电路中。

3. 聚碳酸酯电容器

聚碳酸酯电容器是以极性的聚碳酸酯薄膜为介质制成的有箔式和金属化两种。这种电容器的电性能比聚酯电容器好一些，电容量稳定性较高，损耗较小，因此可用在交流电路中。耐热性方面与聚酯电容器相近，可在120～130 ℃环境下长期工作，且其机械强度较高，可制成较薄的膜供电容器作为介质使用。

4. 聚乙烯电容器

聚乙烯电容器是以非极性的聚乙烯膜为介质制成的电容器。其电性能和耐热性基本上与聚苯乙烯电容器相似，但电容量稳定性较差，电容量温度系数约为$(-200\sim-400)\times10^{-6}/℃$。电容量精度只有±2%。由于聚乙烯耐热性和机械稳定性难以满足一定的要求，且其机械强度较低，因此难以制成薄而均匀的薄膜，这就限制了此类电容器的发展。

5. 聚苯乙烯电容器

聚苯乙烯电容器是目前广泛应用的非极性有机介质电容器，这种电容器的电性能优良，绝缘电阻很高，介质损耗低，介质吸收小，电参数随温度和频率的变化很小，电容量温度系数约为$100\times10^{-6}/℃$，电容量精度高，最高可达±0.05%。因此，聚苯乙烯电容器可在高频环境下使用，并可部分代替云母电容器。但此电容器的工作温度不高，上限温度仅为70～75 ℃。

聚苯乙烯薄膜是一种热塑性的定向薄膜，卷绕成电容器后，可依靠其自身的热收缩排除层间气隙，一般不需要外壳封装，只有高精度高稳定的产品才进行灌注密封或用金属、塑料外壳封装。这种电容器分为箔式和金属化两种。金属化聚苯乙烯电容器还可以做成叠片形式,以适应印制电路等的需要。

6. 聚四氟乙烯电容器

聚四氟乙烯电容器是以非极性的聚四氟乙烯薄膜为介质。这种电容器的主要特点是电性能优异、损耗小、绝缘电阻高,其电参数的温度、频率特性十分稳定,耐化学腐蚀性极好,吸湿性极低。尤其突出的是它的耐热性很高,工作温度上限可达250 ℃,这一点在非极性有机介质电容器中是十分难得的,同时,其在低温下不发脆,可在液氦的负温环境下使用,因此工作温度范围很宽。缺点是耐电晕性差。此外,聚四氟乙烯成膜工艺复杂、成本高,所以这种电容器一般只适宜在高温高频等要求较高的场合下使用。聚四氟乙烯电容器有箱式和金属化两种。

金属化聚四氟乙烯电容器是用金属化的聚四氟乙烯薄膜制成的电容器。聚四氟乙烯薄膜,由于结构上的特点,必须对薄膜表面先进行处理再对其进行金属化,这样金属膜才具有良好的附着力。金属化的聚四氟乙烯电容器也具有自愈特点,且体积小,电性能优良,可长期在200 ℃环境下工作。

7. 聚酰亚胺电容器

聚酰亚胺电容器是用极性的聚酰亚胺薄膜作为介质制成的。这是一种较新型的电容器,在电性能方面基本上与聚酯电容器相似。其主要特点是耐热性强,可长期在250 ℃环境下工作。此外,介质薄膜可在液氦的负温环境下保持柔软,所以其工作温度下限很低,且耐辐射、耐燃烧,因此聚酰亚胺电容器可以在高温、低温、辐射等极端环境条件下工作。

8. 聚砜电容器

聚砜电容器是以极性的聚砜薄膜为介质制成的电容器,有箔式和金属化两种。聚砜电容器电性能良好,耐热性高,工作温度范围较宽,可在－50～＋150 ℃环境下可靠工作。此外,其化学稳定性较好,但吸湿性较大,因此最好采用全密封结构。这种电容器可作为高温电容器使用。

1.3.2 薄膜电容器型号的命名规则

1. 国产电容器型号的组成

国产电容器型号的命名一般由四部分组成(不适用于压敏、可变、真空电容器),依次分别代表器件种类、介质材料、分类和产品序号,详见表1-1。

表1-1　国产电容器型号的组成

	第一部分	第二部分	第三部分	第四部分
电容器的类型	器件种类（电容器）	介质种类	分类（字母或数字）	产品序号(数字)
钽电解	C	A		
聚苯乙烯等非极性薄膜	C	B		
高频陶瓷	C	C		
铝电解	C	D		
其他材料电解	C	E		
合金电解	C	G		
复合介质	C	H		
玻璃釉	C	I		
金属化纸	C	J		
涤纶等极性有机薄膜	C	L		
铌电解	C	N		
玻璃膜	C	O		
漆膜	C	Q		
低频陶瓷	C	T		
云母纸	C	V		
云母	C	Y		
纸介	C	Z		

例如,铝电解电容器用CD表示,钽电解电容器用CA表示,有CH标志的是复合膜电容器,CC系列是高频瓷介电容器,CBB则是聚丙烯电容器。

2. 薄膜电容器型号的命名

薄膜电容器是以有机塑料薄膜为介质,以金属化薄膜为电极,通过卷绕方式制成(叠片结构除外),其中聚酯膜介质和聚丙烯膜介质应用最广。国标对薄膜电容器的型号命名规则如下:

① CL11:有感箔式聚酯膜电容器;

② CL12:无感箔式聚酯膜电容器;

③ CL21:无感金属化聚酯膜电容器(其中CL21X为小型化产品);

④ CL20:金属化轴向引线聚酯膜电容器;

⑤ CBB13:无感箔式聚丙烯膜电容器;

⑥ CBB21:无感金属化聚丙烯膜电容器;

⑦ CBB81:膜/箔串联式高压聚丙烯薄膜电容器;

⑧ CBB62:交流金属化聚丙烯薄膜电容器(亦称X电容);

⑨ CBB20:金属化轴向引线聚丙烯膜电容器;

⑩ CH11:有感式聚酯膜/聚丙烯膜复合介质电容器。

1.4 薄膜电容器的一般性能

1. 比特性

电容器的电容量、储存的能量、无功功率、储存的电荷等对其体积或重量之比，统称电容器的比特性，如比电容、比能量、比无功功率、比电荷等。在设计电容器时，应该在确保其电性能稳定的情况下，尽量缩小体积，减轻重量从而降低成本，电容器的比特性是表征电容器性能的指标之一。

(1) 在评价低压电容器时，通常用比电容来描述：

$$\text{比电容}=C/V$$

其中，C为电容量(μF)，V为电容器的体积(cm^3)，比电容单位为$\mu F/cm^3$。

(2) 在评价高压电容器时，通常用比能量来描述：

$$\text{比能量}=W/V$$

其中，W为电容器储存的能量(J)，比能量单位为J/cm^3。

(3) 在评价工频及中频用的大无功功率电容器时，通常用比无功功率。

$$\text{比无功功率}=P_{\text{无}}/V$$

其中，$P_{\text{无}}$为电容器的无功功率(var)，比无功功率单位为var/cm^3。

(4) 在评价电解电容器时，通常用比电荷来描述：

$$\text{比电荷}=Q/V$$

其中，Q为电容器储存的电荷(μC)，比电荷单位为$\mu C/cm^3$。

2. 温度特性

电容器的温度特性通常是指电容器的电参数(如电容量、损耗角正切、绝缘电阻等)随温度而变化的性质，通常可用相关的公式和温度特性曲线来表示。一般来说，电容器电参数随温度变化越小越好。

3. 电容温度稳定性

电容器经受数次湿度循环、潮热试验、高温负荷试验等加速人工老化或自然老化过程以后，电容量会产生不可逆的剩余变化，电容的温度稳定性系数以试验前后的室温电容量变化百分比表示，即

$$\frac{\Delta C}{C}=\frac{C_t-C_0}{C_0}\times 100\%$$

式中，C_0为试验前的室温电容；C_t为试验后的室温电容。

4. 频率特性

电容器的频率特性通常是指电容器的电参数(如电容量、损耗角正切等)随电场频率而变化的性质。通常可用相关的公式和频率特性曲线来表示。一般来说,电容器参数随频率变化越小其频率特性越好。

5. 稳定性

电容器的稳定性,是指电容器在使用和贮存过程中,在外界因素(如温度、湿度、气压、频率、振动、冲击等)作用下,电气参数(如电容量、损耗、绝缘电阻、击穿电压等)偏离原始值的程度。一般地,偏离程度越小说明电容器的稳定性越高。

6. 可燃性

当电容器与火焰直接接触一定时间后移去火焰,电容器自熄的能力称为电容器的可燃性,也称自熄性,通常以自熄的时间来衡量电容器的可燃性。

1.5　电容器生产过程及重要工序对性能的影响

电容器的性能不仅与介质本身的固有特性有关,而且与其产品损耗、绝缘电阻等参数有关,同时生产过程中各个环节与工序都会对电容器性能产生极大影响。

1.5.1　温湿度对产品性能的影响

1. 温湿度对锌铝膜的影响

锌铝金属化膜多数是以聚丙烯(BOPP)基膜为介质,在真空镀膜机中先蒸镀金属铝层,然后蒸镀金属锌层。由于铝含量很低,且锌的化学性质又很活泼,因此,在潮湿环境中锌、铝金属化膜很容易出现氧化腐蚀现象。当金属膜暴露在干燥的空气中,镀层中的金属锌和空气中的氧气缓慢反应,但随着空气中的相对湿度逐步升高,镀层的氧化速度会加快,其反应化学方程式为

$$Zn+2H_2O = Zn(OH)_2+H_2\uparrow$$

$$3Zn+2H_2O+2CO_2+O_2 = 2ZnCO_3\cdot Zn(OH)_2$$

同时,随着温度的升高,空气中水分子的化学活性会增强,这也将加速反应进行。因此,环境温度和湿度对金属膜的贮存和使用影响较大。

2. 温湿度对损耗角正切值的影响

在电容器在制作过程中,如果温湿度控制不合理会导致膜面出现氧化反应,主要表现为产品等效串联电阻增加,产品损耗增大。通电后,由于氧化造成产品内部电阻增加而引起内部产生较多热量,当内部聚集过多的热量来不及向外传递从而导致热平衡被破坏,最终产品内部出现热击穿失效。

1.5.2 工艺卫生对产品性能的影响

工艺卫生影响主要表现在镀膜和卷绕时,主要由于锌渣、灰尘等杂质附着于膜面造成膜面损伤,导致电容器的介电强度下降。当出现此类情况时会在半测、成测环节将不良品剔除,但若出厂测试未检测出此类情况,就有可能导致产品在工作过程中出现击穿现象,这对产品品质造成负面影响。

1.5.3 重要工序对产品性能的影响

1. 卷绕工序

卷绕时张力的松紧度需适当,如果张力太大,金属化膜层变形,薄膜本身的缺陷区域扩大,在交流电场反复作用下,这些薄弱点首先被击穿;如果张力偏小,膜层间会有大量空气气泡,在电场长时间的作用下空气发生电离,产生局部过热,加速介质老化。

2. 喷金工序

喷金层与芯子极板间接触的牢固程度,决定着接触电阻的大小。如果芯子端面与喷金层之间接触不良,接触损耗产生过多热量,会导致金属化膜产生卷曲,影响附着力,造成电容器开路,出现喷金层脱落等现象。

3. 焊接工序

金属化电容器焊接工序,是制造过程中极其重要的关键工序。焊接状态不好,会降低芯子端面的金属层与喷金层或引线与喷金层的结合度,从而造成接触电阻变大,损耗值增大,严重时甚至可能导致金属层与喷金层脱落,使电容器失效。

1.5.4 生产过程及工艺控制措施

1. 锌铝膜储存条件

为避免在高湿度环境下锌铝膜出现氧化现象,要求卷绕间的温度为15～30 ℃,

相对湿度不超过40%。

2. 加强工艺卫生控制

针对锌渣、灰尘的杂质附着于膜面造成膜面损伤的情况，要求生产前对设备进行清理，使用脱脂纱布清擦机器各滚轴，检查滚轴转动是否灵活、滚轴上是否有毛刺、金属滚轴表面是否有锈迹等。

3. 工艺控制

首先严格控制卷绕的端面平整度，因为其会直接影响喷金与焊接的好坏。其次喷金过程中使用的喷金材料品种、喷金端面的浮尘处理、喷金工艺的选择都对接触损耗产生非常大的影响。此外焊接质量(包括焊接电源的稳定性、焊接操作水平、线径的选取)对于接触损耗来说都具有决定性的影响。

4. 生产过程的时间节点控制

以低压并联电力电容器为例，其详细生产流程图如图1-3所示。

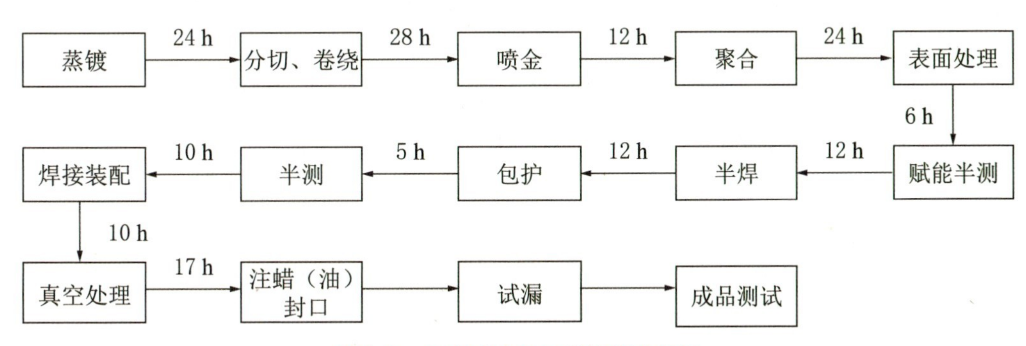

图1-3　生产过程及工艺控制流程图

1.6　电容器使用的注意事项

电容器使用过程中应注意如下事项：

(1) 电容器使用之前，应对电容器的质量进行检查，以防不符合要求的电容器被装入电路。

(2) 确认电容器使用的温度范围在其工作温度范围内。电源电流不超过允许的纹波电流，当超过允许的纹波电流时，电容器内部会增加热量，会缩短使用寿命。

(3) 薄膜电容器的选取取决于施加的最高电压，并受施加的电压波形、电流波形、频率、环境温度、电容量等因素的影响。使用前需先检查电容器两端的电压波形、电流波形和频率是否在额定值内。

(4) 由于电容器存在损耗,在高频或高脉冲条件下使用时,必须确定脉冲电流和连续电流是否在允许范围之内。

(5) 电容器的安装位置应远离热源,否则会使电容器温度过高而过早老化。安装时应使电容器的标志处于易观察的位置,以便后续核对和维修。在安装小容量电容器及高频回路的电容器时,应采用支架将电容器托起以减少分布电容对电路的影响。

(6) 焊接电容器的时间不宜太长,因为过长时间的焊接温度会通过电极引脚传到电容器的内部介质上,从而使介质的性能发生变化。

(7) 电容器电路中任何接触不良都可能产生高频振荡电弧,使电容器工作电场强度增大,产生热量,造成早期损坏,在安装时必须保持电路与接地部分之间的良好接触。

(8) 在电容器并联使用时,其总的电容量等于各子电容器电容量的总和,但应注意电容器并联后的等效工作电压不能超过其子电容器中最低的额定电压。

(9) 电容器的串联可以增加其耐压。如果两只容量相同的电容器串联,其总耐压可以增加一倍;如果两只容量不等的电容器串联,电容量小的电容器所承受的电压要高于容量大的电容器。

(10) 当较低电压等级的电容器串联在较高电压网络中运行时,每个单元的外壳应安装与工作电压等级相当的绝缘体,以确保其绝缘性能。

习 题

(1) 试述电容器的基本工作原理及电容量的计算方法。

(2) 电容器有哪些主要技术参数?

(3) 薄膜电容器的主要性能参数及其含义有哪些?

(4) 简述电容器主要生产环节与重要工艺控制对其性能产生的影响。

(5) 电容器的使用过程中有哪些注意事项?

第2章　有机介质薄膜电容器

有机薄膜电容器是一种使用有机聚合物薄膜作为电介质的电容器，也称聚合物电介质电容器，广泛应用于通信设备、消费电子产品中的滤波器和解码器电路、电力系统中的交流电路、高性能音频设备中的耦合电路中。相比于传统的陶瓷电容器，有机薄膜电容器具有更高的电容密度和更好的耐用性，同时也更加环保。

2.1　有机介质薄膜电容器的基本工作原理

有机薄膜电容器的电介质是由一种聚合物薄膜构成，这种薄膜可以形成极薄且均匀的层状结构，使电容器具有较高的电容密度。此外，由于该薄膜材料具有良好的耐腐蚀性、耐高温性和机械强度，因此电容器具有较长的使用寿命和更高的可靠性。

2.1.1　基本结构

有机薄膜电容器的基本结构如图2-1所示，包括两个金属电极和介质薄膜层等。采用非极性材料（如聚丙烯、聚苯乙烯、聚四氟乙烯等）作为介质，在介质的表面真空蒸镀一层极薄的导电的金属层作为电极（锌铝膜镀层厚度一般为0.01～0.03 μm），采用无感式卷绕，经过喷金、热处理、赋能、焊接、组装、真空浸渍或注油（CBB 60.61型电容器采用环氧树脂灌封）等工序加工而成。

2.1.2　基本工作原理

薄膜电容器工作时，金属电极通过连接电源带上电荷，带电的电极之间会产生电场。在电场作用下，介质薄膜中的分子会极化，使得电容器中存储一定的电荷。这部分电荷量的大小与电场强度和介质厚度等因素有关。当电源断开后，电容器中存储的电荷可以通过外部电路进行释放。

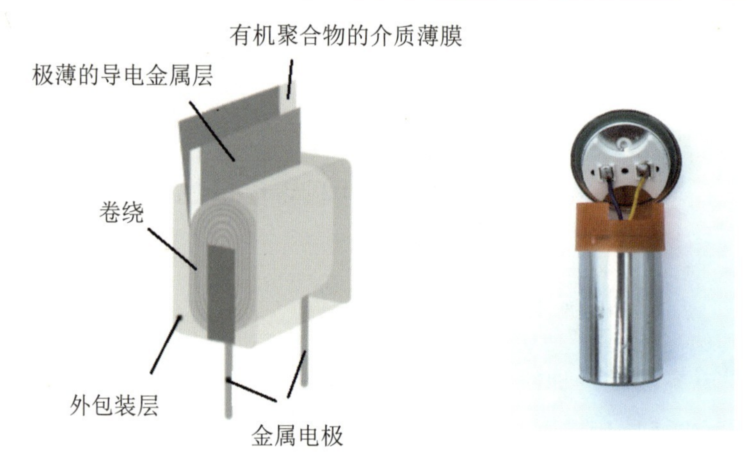

图2-1 卷绕式有机薄膜电容器的基本结构及成品图

2.1.3 影响电容器性能的主要因素

有机薄膜电容器的电容量和耐压能力取决于薄膜介质的电学性质、电极材料的面积和距离等因素。具体来说，电容量随着介质厚度的增加而增加，而耐压能力则随着电极距离的增加而降低。此外，电容器的损耗正切角和温度系数等也是影响电容器性能的重要因素。

2.1.4 有机薄膜电容器优缺点

相比于其他电容器，有机薄膜电容器具有许多优点，如体积小、重量轻、电容量大、容量稳定性高，耐高温、耐腐蚀性强等。也存在不少缺点，如价格较高、温度系数较大、不能承受高电压等。在实际应用中，可以通过优化设计、选择适当的电极和薄膜材料和调整结构以提升电容器的性能。

需要注意的是，有机薄膜电容器在使用过程中需要避免过度充电和放电，以免发生电容器损坏或电池爆炸等危险情况。同时，在使用这种电容器时需要注意避免高温或受潮，以维护其性能和延长使用寿命。

2.2 有机介质薄膜电容器的制造工艺与关联影响

有机介质薄膜电容器是一种以有机塑料薄膜作为介质、以铝箔等金属层作为电极的电容器，按使用的介质材料不同可分成很多种类，目前国内有机介质薄膜电容器以聚酯薄膜电容器、聚丙烯薄膜电容器等为主。

2.2.1 制造工艺

电容器制造工艺直接影响着产品技术水平和产品质量。有机介质薄膜电容器的制造工艺流程:真空蒸镀→分切→卷绕→喷金→聚合→赋能半测→焊接→组装封口→真空浸渍→成品测试→标识→包装→检验入库。

1. 真空蒸镀

在真空中将金属、合金或化合物进行蒸发(或溅射),使其沉积在被涂覆的物体(基片、基板或基体)上的方法称为真空镀膜法。真空蒸镀是利用膜材加热装置(蒸发源)的热能,在真空条件下,使膜材原子通过热运动而逸出膜材表面,并沉积到基片表面上去的一种沉积技术。详细情况如图2-2所示。

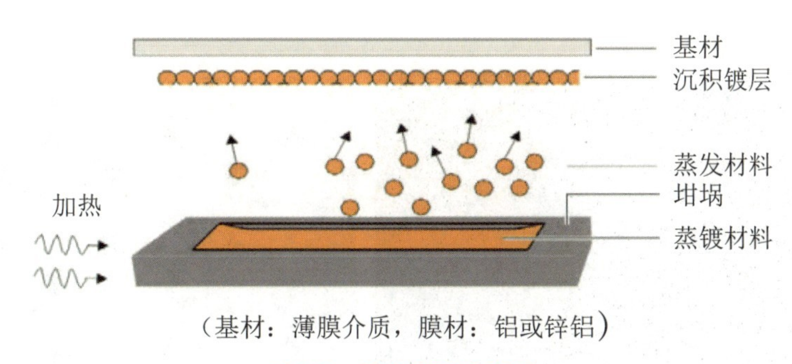

图2-2　真空镀膜示意图

2. 分切

将半成品膜按要求分切成各种宽度的成品金属化膜,如图2-3所示。膜材按规定的走向牵引到收卷臂上,防止金属化膜绕错。分切时按照工艺规程操作,控制好分切张力和分切速度。

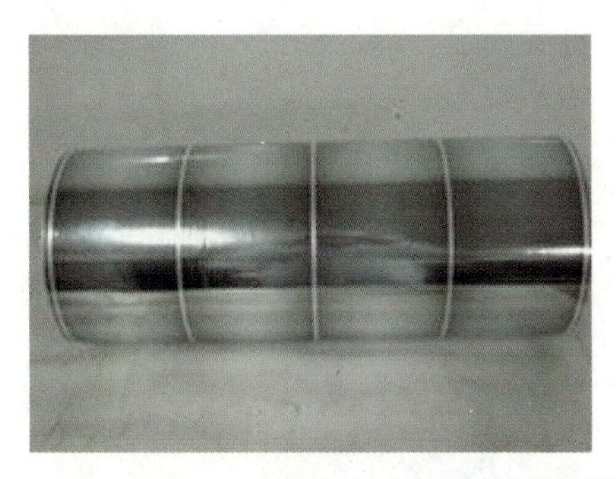

图2-3　镀膜分切前后的半成品膜

3. 卷绕

将经过分切工序后的膜卷两层错位重叠,在一根芯棒上卷绕成芯子。卷绕的张力、芯子错边量、压轮大小、速度等参数要符合工艺规程,半成品电容芯子如图2-4所示。

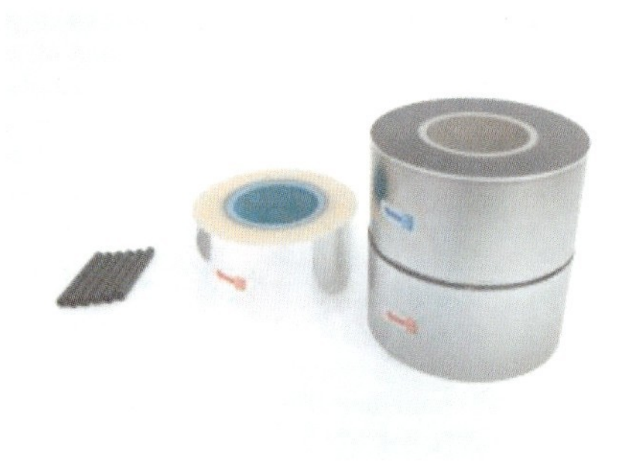

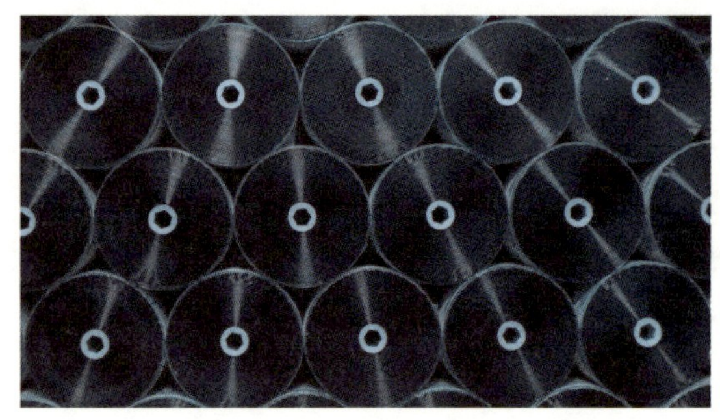

图2-4　卷绕的半成品电容芯子

4. 喷金

将电容器芯子两端面喷涂合金,作为电容器电极的引出端,如图2-5所示。喷金要求电压、电流、压缩空气的压力、喷嘴到端面距离、喷金层厚度等参数符合工艺要求,并且喷金面应颗粒均匀,有金属光泽,没有片状颗粒和发黑现象。

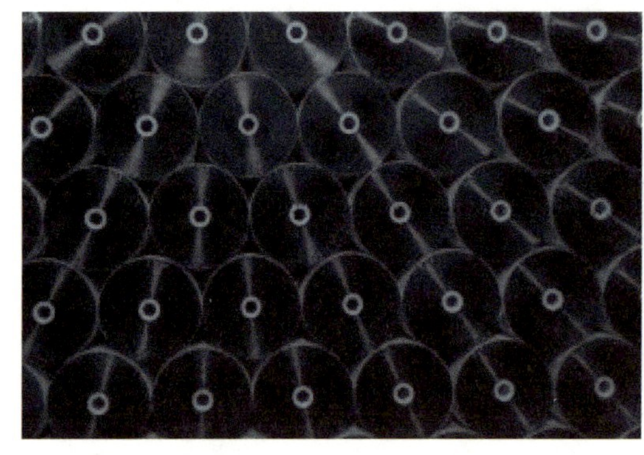

图2-5　电容芯子两端面喷涂合金

5. 聚合

将喷金后的电容器芯子进行热定型,目的是提高其物理性能及电性能的稳定性,如图2-6所示。聚合的温度、时间需要符合工艺要求,聚合后需观察芯组端面与芯棒之间有无明显的轴向位移。

图2-6　聚合烘箱和芯组码摆放

6. 赋能半测

通过赋能清除电容器芯子内部的电弱点，并对其进行半成品测试。

7. 焊接

将引出线、盖板、端子与电容器芯子按照要求焊接在一起，如图2-7所示。

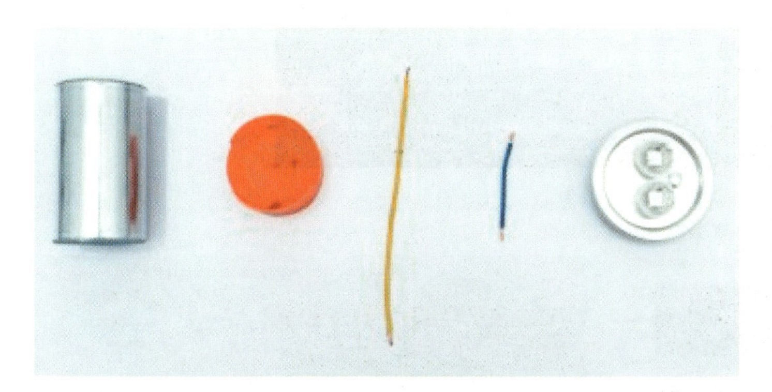

图2-7　电容芯子与引出线、盖板、端子的焊接

8. 组装封口

对电容器进行组装并进行封口处理，如图2-8所示。

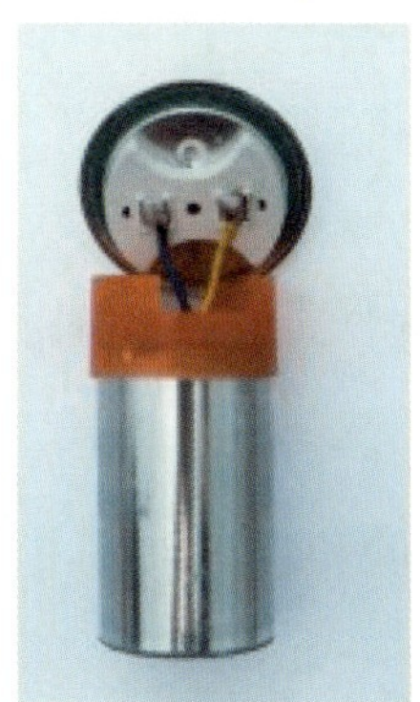

图2-8　电容器组、封口

9. 真空浸渍

将电容器放置在真空环境中，然后注入浸渍材料（如绝缘油或有机硅凝胶）以填充和渗透到薄膜的微小孔隙中，以提高电容器的电气性能（图2-9）。

10. 成品测试

如图2-10所示，对电容器成品进行电性能筛选，进行绝缘电阻、极壳耐压、极间耐压、容量、损耗角正切值、等效串联电阻等电性能的测试，不同类型产品的测试项根据工艺规程要求执行。

图 2-9　填充外壳内固体间的空隙

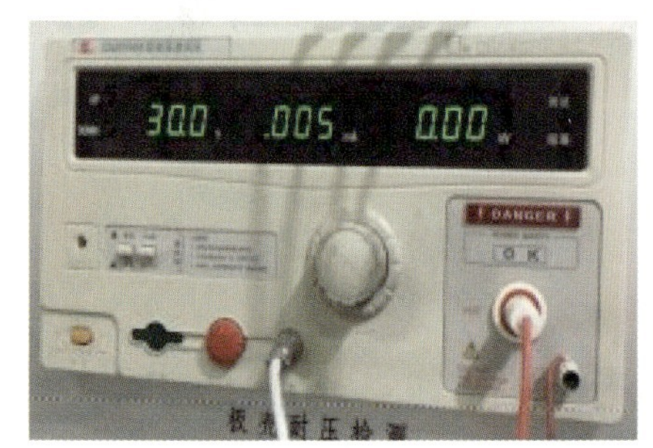

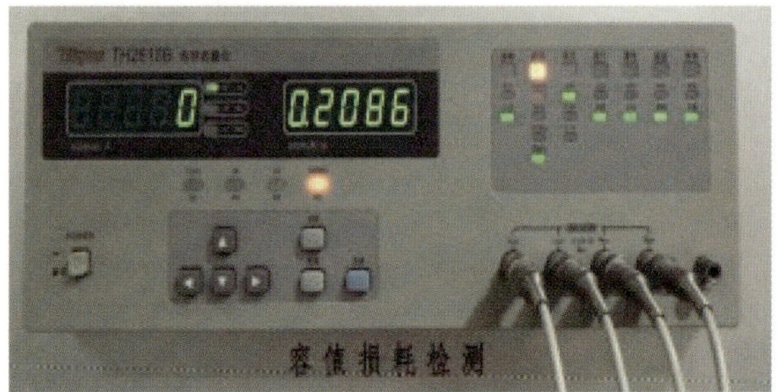

图 2-10　极壳耐压测试和电容量测量

11. 标识

根据不同客户的要求,对不同型号的电容器进行铭牌标识。

12. 包装

将成品测试合格后的产品进行外观检验和装箱包装。若顾客对电容器的标识和包装有特殊要求,按顾客的要求进行。

有机介质薄膜电容器的工艺流程对电容器性能影响至关重要,正确选择浸渍剂、严格控制卷绕系统的张力以及确保良好的镀层质量是其中的关键步骤,对电容器的性能和可靠性具有重要影响。

2.2.2　浸渍剂使用与聚丙烯薄膜电容器的关联影响

聚丙烯薄膜是多孔性材料,其表面存在大量的气孔。对于金属化电容器通常要求浸渍剂液体浸入薄膜层间的气隙,但并不要求浸入或浸透薄膜基材上的微小气孔、裂隙和薄弱点内。浸渍剂的使用可以显著改善聚丙烯薄膜电容器的性能,包括提高其电容量、耐压能力、热稳定性和延长使用寿命。浸渍剂的电气性能、理化性能、阻燃性能和技术性能都会影响聚丙烯薄膜电容器性能，在选取聚丙烯薄膜电容器浸渍剂时需要注意以下原则：

1. 浸渍剂的电气性能指标

浸渍剂作为聚丙烯薄膜电容器的第二介质，其电气性能直接影响电容器的性能。首先浸渍剂高介电常数可以增加聚丙烯薄膜电容器的电容量，从而减少电容器体积，减轻电容器重量。其次浸渍剂损耗角正切值小，电阻率高，耐电压强度高，能够节约能耗，提高薄膜电容器可靠性。浸渍剂电性能稳定是产品电性能稳定和使用寿命延长的基础。

2. 浸渍剂的理化性能

浸渍剂的理化性能是构成确定聚丙烯薄膜电容器适用工作条件的基础因素。要求浸渍剂黏度低，对主介质和电极材料的浸润性要好，且比重小、凝固点低、沸点高、蒸发损失低、化学稳定性好、分子结构稳定、耐老化、抗氧化，以及在强电场下不分解等。

3. 浸渍剂的阻燃性能

浸渍剂的阻燃性是电容器长期运行中安全可靠的重要前提，所以要求浸渍剂的阻燃性能要好。

4. 浸渍剂的技术性能

(1) 浸渍剂对聚丙烯薄膜的溶胀作用应尽可能小。金属化聚丙烯薄膜由于金属镀层的存在，只允许薄膜有少量的溶胀，如果溶胀显著，轻则引起镀层方阻增大，重则造成镀层龟裂，对电容器的运行带来致命的影响。即使金属化元件缠绕很紧密，溶胀作用强的液体浸入元件的表层或端部仍能导致基板镀层从喷金层端部开裂，造成电容器的早期损坏。

(2) 浸渍剂应有助于电容器自愈性能的提高。金属化聚丙烯薄膜电容器自愈击穿时释放的能量大部分消耗在对介质的破坏和分解上，而只有不到15%的部分消耗在金属镀层的蒸发上。为使介质不因自愈击穿而损坏，自愈时释放的能量要尽可能少。特别是浸渍剂中含有氧元素，可使介质自愈击穿分解产物氧化，减少碳的生成，从而改善介质的自愈条件。

(3) 浸渍剂应不易吸水起到防潮作用。防潮不仅为了维持介质的性能不受损坏，更是维持电极镀层免受电化学腐蚀。灌封树脂加以密封，可隔绝外界湿气的侵入，是聚丙烯薄膜电容器绝缘有效的防潮措施。

(4) 油品使用前必须检测主要技术指标和净化处理。进厂油品往往含有水分和杂质离子，使用前必须检测相关技术指标，必要时进行吸附处理，浸渍前还必须进行真空干燥处理。进厂油或生产过程中的浸渍剂都应经过净化处理，以最大限度地除去其中的水分、气体及其他杂质，使之成为纯净干燥的浸渍剂，才能用于浸渍电容器。

2.2.3 卷绕系统张力与电容器耐压的关联影响

卷绕工艺中系统张力是指在制造聚丙烯薄膜电容器时，施加在卷绕聚丙烯薄膜表面的张力，其大小直接影响电容器的性能。薄膜电容器是由两层金属化膜相互错位地卷成，而金属化薄膜有一面为电晕处理面，具有较高浓度的空气层。如果施加的张力太小，则层间的空气不易排挤出来，会留有气隙，这样做出的芯子直径较大；随着张力的加大，芯子直径会相应减少，但当施加的张力达到一定程度时，会引起薄膜内褶皱。通过多次试验结果验证，张力值的大小与金属化薄膜的厚度与宽度有关，具体的张力要根据电容器的设计要求、材料特性和制造工艺来确定。张力值系数在1.3～1.6范围内的产品，其击穿电压值明显较高。

2.2.4 镀层质量与聚丙烯薄膜电容器的关联影响

聚丙烯薄膜电容器是选用具有自愈性能的聚丙烯金属化膜作为电容器元件的介质与极板的。聚丙烯金属化膜是利用真空蒸镀工艺技术，在聚丙烯薄膜表面蒸镀一层锌、铝或铝加锌等金属薄层，形成镀层。镀层质量与薄膜电容器有以下关联因素：

1. 镀层厚度

电容器镀层越厚，方阻越小，电容器损耗角正切值就越低，电容量越大，耐压强度越低。因此，需要根据电容器的设计要求和应用场景选择适当的镀层厚度。

2. 镀层均匀性

如果镀层不均匀，可能会导致电容器的电场分布不均匀，影响电容量和耐压能力。因此，在制造过程中需要控制好镀层的均匀性。电容器生产过程的薄膜蒸发、分切和卷绕工序，常因静电吸附或因滚筒不洁而带进尘粒，使薄膜镀层划伤，且划伤程度不一，严重的情况会产生一条连续的线状划伤，划伤部位存在薄弱疵点，如疵点过度自愈就会导致电容器失效。

此外镀层的附着力和材料也与薄膜电容器的性能息息相关。高温高湿环境下镀层质量对电容器的电性能影响更为显著，从失效品芯子解剖来看，多数为芯子的金属镀层发生腐蚀，电容器表现为电容量衰减，损耗角正切值增大，从而导致产品失效率增加，可靠性降低。为减少薄膜镀层的腐蚀现象，提高电容器质量，镀层工艺需要注意以下问题：

（1）镀膜时调整边缘位置镀层厚度，降低边缘场强，减少金属化膜镀层腐蚀后退现象。

（2）镀膜时镀层均匀、致密性好、附着力好。

（3）在电容器生产过程中，要严格检查进厂的薄膜，保证薄膜质量。

（4）电容器卷绕时，薄膜平整、张力合适、芯子硬度高、无起皱现象，层间残留空气就小，就不容易发生镀层腐蚀现象。

（5）聚丙烯薄膜电容器的生产环境和生产周期的控制对提高产品性能影响很大。应尽量缩短生产周期，减小金属化薄膜、芯组等外露时间。严格控制生产环境的温度和湿度，一般环境温度控制在25 ℃左右，相对湿度在60%以下，防止材料吸潮影响镀层质量。

2.3　智能组合式抗谐波电力电容器的应用

有机薄膜电容器在电力系统中可以与电抗器串联使用，用来抑制谐波。智能抗谐波电路电容器由智能测控单元、晶闸管复合开关电路、线路保护单元、两台（△型）或一台（Y型）低压电力电容器本体等部分构成。替代常规由智能控制器、熔丝、复合开关或机械式接触器、热继电器、低压电力电容器、指示灯等散件，在柜内和柜面由导线连接而组成的自动无功补偿装置。智能组合式抗谐波电力电容器是一种特殊类型的智能电容器，采用金属化聚丙烯膜作为电介质材料，具有较高的电容密度、较低的损耗因数和可靠的稳定性，专门用于抑制电力系统中的谐波。通常结合先进的谐波监测和控制技术，能够自动识别和补偿各阶次的谐波电流，改善电力系统的供电质量。

2.3.1　智能电力电容器的主要功能

智能组合式低压抗谐波电力电容器的开关器件的应用可实现“零投切”。基于机械触点的电力电子复合开关或机械触点的微电子复合开关，可以实现如下功能：

（1）根据无功功率缺额三相或分相补偿，实现零电压导通与零电流断开的“零投切”电容器功能。

（2）配电电压、电流、无功功率、功率因数等参数的测量与显示。

（3）投运、退运、故障自诊断提示。

(4) 过压、欠压、电流速断保护,以及电子开关的瞬间电压和电流过值保护等。

(5) 配电电压、有功功率、功率因数等简单监测统计。

由于电容器各相回路中安装了电流检测传感器和电容器体内温度传感器,还可以实现下列功能:

(1) 检测电容器各相工作电流,判断电容器断相、三相不平衡、过电流以及严重泄漏情况,进而实现电容器的断相、三相不平衡、过电流及严重泄漏的保护和告警,以及时采取措施。

(2) 检测电容器工作时体内温度,实现电容器过温度保护,在过电压、过谐波和环境过高的情况下退出运行,延长电容器和设备的使用寿命。

(3) 根据电容器的各项工作电流和配电电压、配电电流的数值及其变化,实现比较完全的故障自诊断功能,可以判断接触器、电子开关、电容器、空气开关和控制器等部件的故障类型,有利于现场故障查找和处理。

(4) 多台工作,经通信接口联机,自动产生一个主机,其余则为从机,构成系统工作,从机故障自动退出,不影响系统工作,主机故障自动退出后在其余从机中自动产生一个新的主机,组成一个新的系统,根据无功功率缺额进行投切,容量相同的电容器遵循循环投切原则,容量不同的电容器遵循按值投切。

2.3.2 智能电力电容器的主要应用

智能式低压抗谐波电力电容器已广泛应用于电力、化工、冶金等高能耗行业,同时低压电容器是各供电行业低压配电不可缺少的供电设备,对提高供电质量、降低能耗、增强供电安全性起到重要作用。

1. 温度保护(解决了电容器涨肚问题)

通过在电容器内放入温度传感器,通过中央处理器采集电容器体内温度,在软件中设定过温保护值,高于设定值(如60 ℃)自动切除电容器,退出运行,确保设备不受损害。温度低于设定值(如50 ℃)自动投入,内加防爆器及温控装置,提高谐波场所下运行的可靠性。

2. 过零投切技术(解决了投切涌流问题)

在智能组合式抗谐波电力电容器中采用微电子技术,通过中央处理器对控制电压、电流的正弦波进行交流采样。根据功率因数的变化,当需要增加无功的时候,在电压过零点投入电容器;当需要减少无功的时候,在电流过零点切除电容器。"过零投切"技术减少了浪涌电流,能有效地抑制高次谐波和涌流,从而降低设备损耗和延长电容器的使用寿命。

3. RS-485智能网络通信(解决了常规功率因数控制器易损坏的问题)

在智能组合式抗谐波电力电容器中,取消功率因数控制器环节,采用智能网络技术,构建RS-485通信网络,多台电容器并联使用,自动生成一个网络。其中地址码最小的一个为主机,其余则为从机,构成低压无功自动控制系统,进行后台配电综合管理。个别从机故障自动退出,不影响其余工作。主机故障自动退出,在其余从机中产生一个新的主机,组成一个新的系统。

4. 多种规格电容器搭配混合补偿(可以做到粗补和细补兼顾)

利用微电子智能网络技术,可以搭配多种不同容量的电容器,中央处理器记录每只电容器的网络地址、容量大小,容量相同的电容器按循环投切原则,容量不同的电容器按适补原则投切,补偿效果好,可靠性高。

5. 混合补偿(解决了三相不平衡状态下的无功补偿问题)

民用生活、机关单位办公用电往往三相不平衡,中性线上电流偏大,三相功率因数不等,无法正确补偿。如果按照某一相功率因数为标准进行三相补偿,其他两相很有可能出现过补或欠补现象。在智能组合式抗谐波电力电容器中,采用“三相补偿+单相补偿”结合的混合补偿方案。

习　　题

(1) 有机介质薄膜电容器的制造工艺流程有哪些步骤?

(2) 简述选取聚丙烯薄膜电容器浸渍剂时需要注意的问题。

(3) 在有机介质薄膜电容器真空蒸镀过程中,镀层质量与薄膜电容器有哪些关联因素?

(4) 什么是智能组合式抗谐波电力电容器?有哪些功能?

第3章　低压并联电力电容器

低压并联电力电容器是工业电力系统中一种常用的元件，也是电力系统的重要组件之一，主要用于改善电能质量、稳定电网电压、减少电能损耗、提高电网电能利用效率以及减少线路电压的波动和减轻电力变压器负载的无功功率，从而提高电力系统的效率和可靠性。

3.1　基本工作原理与运行

在电力系统中，低压并联电力电容器与负载并联连接，可提高电网功率因数、减少无效功率，从而降低电能使用成本。下面着重介绍低压并联电力电容器的基本工作原理。

3.1.1　结构组成

低压并联电力电容器由一个或多个电容单元组成，如图3-1所示。每个电容单元都由一个金属化聚丙烯薄膜电容器和一个保护装置组成。金属化聚丙烯薄膜电容器是低压并联电容器的核心部件，它具有较高的电容值和较低的损耗。保护装置用于保护电容器免受过压和过流的损伤。

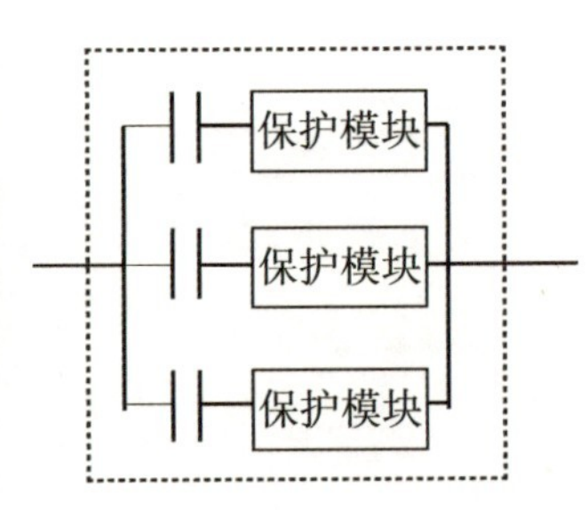

图3-1　低压并联电力电容器的结构示意图

3.1.2　基本工作原理

在低压并联电力电容器中,各电容单元之间是并联连接的,因此电容器的总电容值等于所有电容单元电容值之和。低压并联电力电容器与负载并联连接。当负载电流发生变化时,电容器通过吸收或释放电荷来维持负载电流与电压之间的相位关系,达到校正功率因数的目的,同时可以用于滤波处理,减少谐波和杂波的干扰,提升电力系统的稳定性和可靠性。

电容器的电容值是由介质特性、电极面积和电极之间的距离等因素共同决定的。介质特性主要是指电容器内部的绝缘介质材料,电极面积和电极间距则是电容值的主要影响因素。

3.1.3　过压防爆原理

低压并联电容器尽管有自愈功能,比较安全可靠,但仍存在自愈失败的情况,造成元件绝缘水平降低,甚至短路,产生鼓肚、爆裂等情况。为解决这一现象,不同的厂家采用了不同的防爆措施,目前行业内的低压并联电容器基本上都采用过压力保护装置。

过压力防爆保护装置如图3-2所示,通常用于自愈式的金属化交流电容器中。当电容器在某种因素下内部压力过高时,外壳壁膨胀变形产生位移,当位移量达到一定的程度,瞬间拉断铜保险片,接线端子电源被切断,从而断开电容器的通路,起到安全防爆的保护作用。

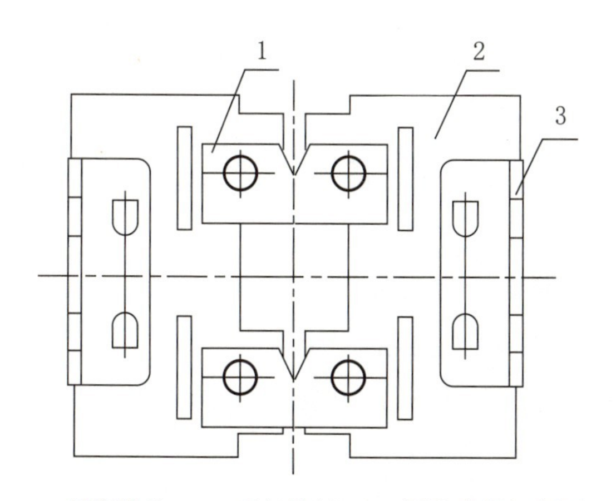

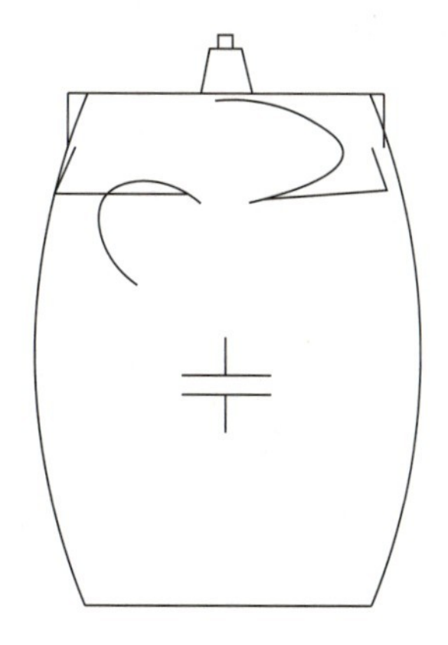

1—铜保险片;2—环氧基板;3—固定支架(侧耳)

图3-2　过压力防爆保护装置示意图

过压力防爆保护装置能否正确起作用,关键取决于外壳在电容器寿命期间的密封性，它不是限流熔断器，不能取代电容器外部电路的保护。

3.1.4 低压并联电容器的运行

低压并联电容器是一种无功补偿装置，为使电容器能确保补偿系统无功的需求，先需了解电容器运行时的性能、特点，再根据客户的要求，合理选择电容器电压、容量等参数，以延长电容器的使用寿命，同时降低电容投切时对供电系统带来的负面影响。

1. 电容器的安全运行

电容器应在其额定电压下运行，也可允许在超过额定电压5%的范围内运行；当超过额定电压值的1.1倍时，只允许短期运行。但长期出现过电压情况时，应将电容器退出运行。此外电容器应维持在三相平衡的额定电流下进行运行。不允许在超过1.3倍额定电流下长期工作，以确保电容器的使用寿命。同时电容器工作环境温度为−25～50 ℃(户内型)和−40～50 ℃(户外型)，应对电容器配备通风设施，以保持工作环境温度在允许范围内。同时电容器从电网中切除后，必须进行充分放电，才能再行投入。低压并联电容器一般装有放电电阻，国标规定电容器断电后3分钟内，应从初始峰值电压$\sqrt{2}\ U_n$(U_n为额定电压)降低到75 V或更低。

2. 谐波的危害

随着电力系统的发展和电力电子技术的广泛使用，用电负荷的结构发生了重大的变化。大量的非线性负荷如电弧炉、变压器及变频调整装置的运行，成为电网中主要谐波源，向电力系统注入大量谐波电流，导致电网的电压不稳定，谐波对电网中的各种电气设备的正常运行产生了不同程度的影响。通过国内外运行经验可知，在受谐波影响而损坏的电气设备中，低压并联电容器占比最大。

3. 低压并联电容器的选型

为保障低压并联电容器安全、有效运行，需选择合适的技术参数。

(1) 额定电压的选择

电容器的额定电压的选用要考虑网路电压的实际情况，电容器的投入会抬高网路电压。如果额定电压过高，会导致电容器实际补偿容量下降；如果电容器额定电压过低，电容器内部会出现放电现象，并且会加速电容器介质老化，影响电容器的使用寿命。

网路实际电压往往会高于网路标称电压很多。电容器电压等级的选用至少比网路标称电压高5%，例如380 V电网选用至少400 V的电容器，660 V电网用至少690 V的电容器。尤其当电容器回路串联电抗器时，电容器端子上的电压会随所串联电抗器

的电抗率增加而相应提高,此时电容器额定电压应根据所串电抗器的电抗率计算和确定。串联电抗器后的电容器额定电压公式为

电容器额定电压=系统电压/(1－系数×(电抗率))

电容器额定电压的选择也不能一味追求选得越高越好。如果电压选高了而实际使用电压较低,将造成电容器的实际输出容量显著降低。

(2) 电容容量的选定

根据平均负荷来选择电容容量。当系统出现高负荷时会出现无功补偿欠缺,当系统出现低负荷的时候出现过补现象,所以要使功率因数得到提高,电容器容量依据最大负荷时的有功功率进行计算,尽量使功率因数在0.95以上,当出现低负荷的情况时,切除部分电容,使功率因数保持在1以下。

在使用低压并联电容器进行补偿时,电容既不能过大,也不能过小。过大的电容容量会使电路的电压升高太大,容易损坏用电设备。

3.2　低压并联电容器的制造工艺

低压并联电容器的比特性好、体积小、重量轻、功率损耗小、温升低、使用寿命长,同时具有良好的自愈性。制造工艺决定了产品质量以及产品定位,对于低压并联电容器而言,工艺流程和工艺参数是提高产品质量、降低生产成本的关键因素。

3.2.1　工艺流程

工艺流程是电容器生产的技术核心,是从原材料投入到成品产出,按照一定的顺序连续进行加工的全过程。低压并联电容器的工艺流程为:分切→卷绕→喷金→聚合→表面处理→赋能半测→半成品焊接→包护→芯组测试→芯盖焊接→去潮→浸渍→封口→清洗→试漏→成品测试→标识→包装→检验入库。其中,卷绕和喷金工艺是关键工艺,是产品质量的基础。

1. 分切

(1) 环境条件

分切设备应放在恒温净化厂房中,动态净化度在10000级以上,温度应在(20±5)℃,环境相对湿度低于65%。

(2) 金属化膜外观

膜面质量要求如下:

① 留边处清晰,没有模糊的金属边界;

② 表面平整,不允许有纵向皱折,但允许有少量的活性可消除的条纹;

③ 膜面清洁,金属层光亮,附着力良好,没有伤痕,特别不允许有纵向划痕,但允许有不影响膜性能的痕迹和自愈点。

膜卷的外观质量要求如下:

① 膜卷边缘平滑,无毛刺,无凸出,但开始卷绕的半圈和接头处有圈不大于1 mm的膜凸出是允许的;

② 膜卷端面不松动,能承受膜宽1.5倍的重力(牛顿计)而不发生松动;

③ 每卷膜小于等于3个接头,接头距离不小于100 m。接头应用胶带粘牢,正常卷绕时不断开。每个接头所产生的凸起不大于0.15 mm。在卷膜端面应能明显地看到接头标记;

④ 卷膜的侧向摆动H不大于0.5 mm,偏心率S小于等于0.5 mm,端面盆型B不大于0.3 mm,卷边翘起A不大于0.3 mm(膜宽小于25 mm)或A不大于0.5 mm(膜宽不小于25 mm),膜层位移C不大于0.3 mm(膜宽不大于25 mm)或C不大于0.5 mm(膜宽不小于25 mm)。

(3) 尺寸

薄膜厚度、镀层的留边、薄膜宽度差、膜卷内芯直径、膜卷外径尺寸及其偏差符合工艺要求。

2. 卷绕

(1) 环境条件

卷绕设备应放在恒温净化厂房中,环境要求同分切工艺。

(2) 卷绕设备

好的卷绕设备在装好材料膜卷后不需要进行手工操作,元件质量一致性好,成品率高,有恒定张力控制系统,元件卷得均匀而紧密、无皱折、端面平整。

(3) 张力恒定

恒定的张力是最重要的因素,否则膜层间容易造成空气隙,导致局部放电或被击穿。

(4) 错边量控制

错边量过大会造成卷芯宽度增大,不利于装配,容易使卷芯跑偏;错边量过小,不利于喷金,附着力不强,容易使产品短路。

3. 喷金

喷金质量的好坏决定了电容器金属极板接触电阻阻值的大小,是影响电容器的接触损耗的主要因素。选用合适直径的喷金丝以及低熔点的喷金材料，设定合适的压缩空气压力、喷枪与电容器芯子端面的距离、送丝速度以及电弧喷金的电流等工艺参数，控制好喷金层颗粒度和厚度，是喷金工艺的关键。详细要求如下：

① 芯子的喷金厚度控制在0.55～0.65 mm，厚度过大会浪费材料，导致金属层易脱落，附着力不足；太薄焊接时容易烫伤金属化膜，造成接触电阻阻值增大；

② 喷金面颗粒均匀，产品端面平整，无明显氧化；

③ 确保压缩空气纯净，不含水和油等杂质。

4. 聚合

聚合的目的是提高电容器的机械和电气性能的稳定性，并排除空气和水汽。金属化薄膜收缩后，水汽不易再进入卷芯。聚合时烘箱要确保空气流通，温度分布均匀。低压并联电容器的聚合主要工艺参数见表3-1。

表3-1　低压并联电容器的聚合工艺参数

聚合温度(℃)	70～75	90～95	103～105
聚合时间(h)	3	3	6

5. 赋能半测

通过赋能清除芯子内部的杂质，并对芯子进行测试。要求如下：

① 使用直流耐压测试机时，先对芯子施加500 V直流电压，测试时间为30 s，再施加4.3 U_n的直流电压，测试时间为60 s，应不发生永久击穿、开路或闪烁现象。如电容器自愈声明显，应重新测试几次，直到无自愈声。

② 输入待测试产品的额定容量，设定符合客户要求的容量偏差范围，半成品芯子的损耗角正切值不大于0.0025(在1 kHz频率下)。

6. 焊接

焊接质量不好，会造成产品损耗偏大，使电容器运行过程中发热量增多，可能导致电容器提前失效，达不到常规寿命要求。主要改善措施表现在焊接材料和焊接参数的选择和调整上。要求如下：

① 焊接材料选择焊锡丝，焊料成分不合规格或杂质超标都会影响焊锡质量，在进行焊料检验时，要求进行可焊性检验，不合格焊料不允许使用。

② 低压并联电容器焊点直径范围为8～12 mm，高度低于2.5 mm，焊接时间不超过5 s，避免端面薄膜收缩造成镀层与喷金层脱离。

7. 浸渍

浸渍的目的是在真空和加热状态下，最大限度地排除电容器元件及外包绝缘材料等零部件中的水分和气体，然后在真空状态下用经过净化处理后绝缘性能良好的浸渍剂灌注浸渍，填充外壳内固体间的空隙，以提高电容器的电气性能。要求如下：

① 低压并联电容器浸渍剂采用微晶蜡，其外观为浅黄色固体，结晶微细，熔点较高，硬度强，亲油力强，有较好的渗透性、附着性及韧性，且防潮、绝缘性好。

② 若浸渍温度过高，会使元件收缩，金属层与喷金层局部脱离，使金属损耗变大，该电容器浸渍温度为85 ℃。

工艺流程和工艺参数是决定电容器质量的关键因素，为了使低压并联电容器符合产品标准和满足使用的要求，各工序操作人员必须按照工艺要求执行。

3.2.2 浸渍剂的选用

浸渍剂是低压并联电容器的主要结构组成之一，它的功能是排除介质以及极板与介质间的空隙，从而提高电容器的电容量和电气强度，并改善局部放电性能和耐热性。常见有环氧树脂、菜籽色拉油、微晶蜡、聚异丁烯等，性能比较如表3-2所示。

表3-2 几种浸渍剂的性能比较

环氧树脂	菜籽色拉油	微晶蜡	聚异丁烯
具有难燃、阻燃的特性，固化后还具有良好的物理化学性能，对金属材料的表面具有优异的粘结强度，介电性能良好，变形收缩率小，但制成的成品散热性能差	闪点、击穿场强都较好，酸值略大。使用时应充分考虑到产品的密封性问题	结晶微细，硬度强，亲油力强，有较好的附着性及韧性。由于在常温下为固态，并克服了菜籽色拉油存在易渗漏、对金属化膜溶胀、高损耗等不足，并且处理起来也较环氧树脂简单，且防潮、绝缘性好，但与电容元件的相容性差	极低的介质损耗，良好的稳定性但黏度较高，在应用过程中需要加热来降低其黏度

作为浸渍灌封料，浸渍灌封后不能有收缩和开裂现象，否则形成的孔隙易导致电离现象，并在较高的电压下放电，易发生击穿。微晶蜡在固化状态下一般比较坚硬，如直接用于浸渍灌封自愈式电容器，则与聚丙烯膜或外壳的相容性变差，在低温下可能出现脆裂，并且有较大的收缩率。聚异丁烯的热膨胀系数低，稳定性高，但黏度较高，可以改善产品的相容性和脆裂性，因此，微晶蜡和聚异丁烯的组合材料是自愈式电容器良好的浸渍绝缘材料的最佳选择。

以安徽航睿电子科技有限公司生产的自愈式低压并联电容器为例，使用不同的绝缘浸渍剂进行寿命性能对比试验。试验分为三个阶段：

① 第一阶段：1.5 U_n，55 ℃，64 h。

② 第二阶段：2 U_n，1000次充放电。

③ 第三阶段：1.5 U_n，55 ℃，64 h。

三个阶段依次进行，其中第一、三阶段将被试产品放在有热空气循环的封闭箱中，箱中空气循环的温度能使封闭箱中各点的温度相差不超过±2 ℃，对试品施加规定倍数的交流电，维持规定的时间。第二阶段按GB/T 14747.2—2004的老化试验中充放电试验程序进行。

每间隔24 h，将试品冷却到温室状态下测量电容量和损耗，其电容量变化，三相平均不超过3%，其中一相不超过5%；损耗增加小于50%，作为试验通过的判定依据，对比试验状态见表3-3所示。

表3-3　微晶蜡、聚异丁烯、微晶蜡与聚异丁烯(8:2)组合对比试验

试验方法	记录点(h)	微晶蜡	聚异丁烯	微晶蜡与聚异丁烯(8:2)组合
第一阶段	24	通过	通过	通过
	48	通过	通过	通过
	64	通过	通过	通过
第二阶段	充放电结束后	通过	通过	通过
第三阶段	24	通过	通过	通过
	48	通过	通过	通过
	64	第10 h元件损坏	第30 h元件损坏	通过

试品应从同一流程中抽取，分别灌封不同的浸渍剂。试品的试验状态在一定程度上反映了采用微晶蜡和聚异丁烯组合的绝缘介质所生产的产品质量。

浸渍剂的稳定性关系到低压并联电容器的性能和使用寿命，使用微晶蜡与聚异丁烯的组合浸渍剂，能充分浸渍和渗透聚丙烯薄膜，改善了产品的相容性问题，使产品的质量得到提高。

3.3　检验与试验

电容器的质量和性能取决于所用的材料、设计和制造工艺等因素，合格的产品需进行常规检验，并定期开展可靠性试验。低压并联电容器的技术要求依据GB/T 12747—2017国家标准。

3.3.1　检验标准

检验的主要技术参数如下：

(1) 外观：无污迹、变形、破损、裂痕。

(2) 产品外形尺寸：符合标准或图纸。

(3) 产品标志：图文清晰、内容完整无误。

(4) 外包装标识：图文清晰、内容完整无误。

(5) 端子间交流电压试验：每个电容器应承受2.15 U_n交流电压；试验期间应不

发生永久性击穿和闪烁。允许有自愈性击穿。

(6) 端子与外壳间交流电压试验：在连接一起的端子与外壳之间施加3 kV的交流电压，试验期间应既不发生击穿也不发生闪烁。

(7) 电容量允许偏差：电容量允许偏差±5%；相间最大与最小值之比不大于1.08。

(8) 损耗角正切值：$\tan\delta > 0.0020$(在100 Hz频率下)。

(9) 内部放电器件试验：对电容器施加$\sqrt{2}\ U_n$直流电压，3 min后断开电源，记录电压降至75 V时所经历的时间。

(10) 密封性试验：在(70±2)℃环境下，2 h后不出现渗漏现象。

3.3.2　可靠性试验

低压并联电容器在电网运行中的损坏，一般有三种情况，分别为早期损坏、偶然损坏和寿命终结损坏。其中寿命终结损坏是不可避免的，偶然损坏只要保护措施完善是可以避免的，而早期损坏是不应该发生的，其除与运行条件有关外，主要和产品质量密切相关。

为尽可能减少使用中的损坏，提高可靠性，可定期抽样检验产品的可靠性：

1. 热稳定性试验

(1) 试验方法

将N($N \geqslant 3$)台被试电容器放置于相对静止空气的封闭恒温箱中，封闭箱中空气的温度保持在(50±1)℃。电容器放置间距为50 mm，工频试验电压为0.538 kV，历时48 h。在最后的6 h内，测量外壳接近顶部处的温度4次，保持最后6 h内温升变化不大于1 K，测量试验前后电容器的电容和损耗角正切值，热电偶埋在距离试品外壳2/3的中心处。

(2) 试验数据(参考)

热稳定性试验过程的最后6 h内温度测试数据如表3-4所示，测试结果为合格。

表3-4　热稳定性试验过程的最后6 h内温度测试数据表

试 品 编 号		N1	N2	N3	恒温箱内空气温度(℃)
测温部位		外壳温度(℃)	外壳温度(℃)	外壳温度(℃)	
累计时间(h)	42	69.5	68.6	69.4	50.0
	44	69.7	68.7	70.0	50.0
	46	69.7	68.2	70.2	49.9
	48	69.7	68.2	70.3	50.0
温升		19.7	18.2	20.3	/
最后6 h温升变化量(K)		<1	<1	<1	/

热稳定性试验前、后及热稳定性试验结束时试品的电容和损耗角正切值测试数据如表3-5所示，测试最终结果为合格。

表3-5　试品的电容和损耗角正切值测试数据测试数据表

试 品 编 号	N2(C—A)	
热稳定性试验前 （环境温度9.0℃）	测试电压(kV)	0.45
	tan δ	0.136
	C(μF)	395.47
热稳定性试验结束时 （试品壳温68.2℃）	测试电压(kV)	0.45
	tan δ	0.167
	C(μF)	388.45
热稳定性试验后 （环境温度12.1℃）	测试电压(kV)	0.45
	tan δ	0.147
	C(μF)	393.90
热稳定性试验后比试验前变化量	Δtan δ(%)	+0.011
	ΔC(%)	−0.40

2. 破坏试验

（1）试验方法

取一个完好单体电容器，先将试品置于强迫空气循环的50 ℃恒温箱中，保持8 h，然后施加工频交流电压（1.3 U_n=0.585 kV）下测量流经试品的电流；然后给电容器端子间施加（10 U_n=4.5 kV）直流电压使其发生击穿而短路（回路中直流短路电流应保持为3000 mA），并保持5 s，最后在发生短路的试品端子间施加工频交流电压（1.3 U_n=0.585 kV），保持3 min，并再次测量流经试品的电流；如果在1.3 U_n下流经试品的电流为零或低于初始值的66%，则中断试验；否则重复以上步骤直至交流试验电流低于初始值的66%。试验后将电容器所有线路端子连接在一起，在共同端子与外壳之间施加规定的工频交流电压，历时10 s。

（2）试验数据（参考）

破坏试验前、后相关技术参数测试数据如表3-6所示，试品N2的外壳出现裂缝如图3-3所示。测试结果为合格。

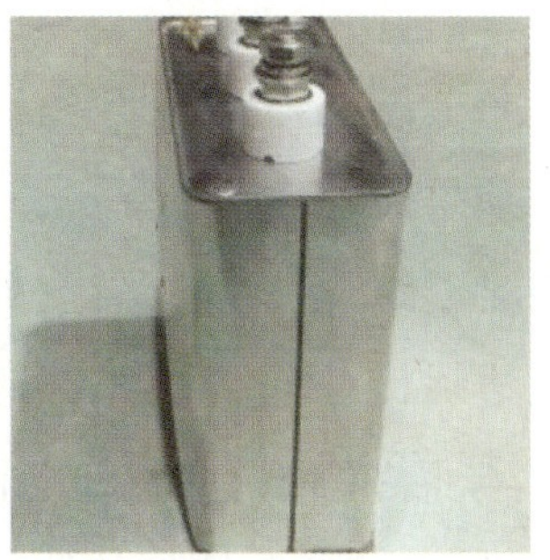

图3-3　试品N2破坏试验前/后外壳的变化

表3-6 破坏性试验测试数据表

试品编号	N1	N2
试验前电容值(μF)	526(A—BC)	526(A—BC)
直流击穿电压(kV)	4.50	4.50
1.3 U_n下电流初始值(A)	97.6	98.0
1.3 U_n下电流最终值(A)	0	0
最终值/初始值	0	0
端子与外壳试验电压(kV)	1.50	1.50
最终容量值(μF)	0	0
试验情况	外壳形变、无渗漏、无闪络	外壳形变、无渗漏、无闪络

如果产品不能通过破坏性试验,那么在实际运行中一旦出现故障,就可能危及邻近产品与设备的安全,甚至造成爆炸、起火等严重后果。

通过以上检验,产品的现场运行一般在投入的第一年内损坏率低于0.5%,以后的2~3年内低于0.2%,较之前(现场损坏大于1%,部分高达10%以上)有明显改善。

3.4 BSMJ型低压自愈式并联电容器

有机薄膜电容器被广泛应用于低压配电系统的无功补偿,BSMJ型低压自愈式并联电容器就是其中的一种。这里"B"表示并联电容器,"S"表示浸渍剂为微晶蜡,"MJ"表示介质为金属聚丙烯薄膜。传统的BSMJ型低压自愈式并联电容器普遍存在早期失效率较高、使用寿命较短等质量问题。

3.4.1 存在的问题与产生原因

1. 早期失效率高

(1) 易被击穿采用的薄膜质量差,设计场强高,金属层方阻控制不当,电容器会击穿—自愈—再击穿—鼓肚—失效。

(2) 局部放电严重,由于生产工艺不良,电容器内水分含量较高,局部放电严重,最终会造成薄膜介质早期老化被击穿。

(3) 端头接触层不良导致性能恶化,损耗角正切增大:电容器在长期交流负载下和瞬时电流的冲击之后接触电阻增加,导致整个电容器损耗增加以致形成开路状态。端头接触性能好坏与很多因素有关,如电极金属材料、温度、喷金层的材料、工艺、原件的卷绕情况、热处理工艺及浸渍剂的性能等。

2. 使用寿命未达预期

(1) 电容器各相电容值不平衡,产品在运行过程中因补偿不当导致容量损耗变大,影响产品使用寿命。

(2) 电容器的设计不符合工作环境的要求,导致电容器的电容值衰减、介质损耗角正切值增大、绝缘性能下降等,影响电容器的使用寿命。

(3) 浸渍剂因使用不当或处理效果不好,导致水分子含量多,水分子在电流的作用下对薄膜的金属层造成氧化和腐蚀,导致产品的容量下降,损耗上升,缩短产品的寿命。

3.4.2　设计与工艺的改进

针对以上存在的问题,以安徽航睿公司生产的低压电力电容器为例,下面从产品的设计过程、生产工艺等方面进行技术改进,取得了较为满意的效果。

1. 金属化薄膜的选取

(1) 采用聚丙烯薄膜为电介质,金属化锌铝合金镀层为电极。聚丙烯薄膜,自愈性能优越,耐电强度高,储能因数大。铝金属化膜制备电容器,在交流电压下电容器里的金属层会发生氧化反应,造成严重的电容量损失,降低了电容器的使用寿命;锌金属化膜虽然对电化学腐蚀不敏感,但对于大气腐蚀很敏感,极易被分解从而导致电容器损坏。金属化锌铝合金膜,克服了纯锌膜和纯铝膜的缺点。锌铝合金膜先在聚丙烯薄膜上镀一层铝,紧接着再蒸镀一层锌。由于这两种金属原子会相互扩散,即下层的铝原子会穿过上层的锌向镀层表面扩散,到达锌层表面的铝增强了上层锌层抗大气腐蚀的能力。另外锌铝合金膜中的主要成分是锌,在长期交流负载下,电容量的下降与纯锌膜相同,克服了铝膜在长期运行中电容值下降的缺陷。

(2) 为提高电容器的抗涌流、抗电能力,采用边缘加厚技术,增加喷金层与金属化极板的结合强度,减小喷金层与金属层的接触电阻,降低电容器自身能耗。

(3) 为了改善薄膜的耐温性,对聚丙烯性能进行温度改善。例如,增加α晶型晶体含量、减小β晶型晶体含量,提高等规度和结晶度,增加添加剂,提高了膜的耐温性等。

2. 设计芯子结构和引出方式

为适应大电流冲击,提高电容器芯子的机械强度,确定较为合适的方阻,改进芯子的结构和引出方式,从而提高产品的性能、质量和效率。根据生产实际情况,可以选用现有的外壳、绝缘子、引出头和焊接等工艺手段,改进适合该电容器的外部密封结构,节省成本,加快试验进度,而且由于不同类型中不同容量的产品,其安装尺寸和接地柱位置都是相同的，因此极大地方便了用户的设计、安装和维修。

3. 浸渍剂的使用

电容器元件内添加浸渍剂主要是为了填充元件端面的空隙，改善产品局部放电现象，浸渍剂进入电容器芯子两端后，有效阻止空气、水分子侵入电容器芯子。各生产厂家选用的浸渍剂种类不一样，安徽航睿电子科技有限公司使用的是进口聚异丁烯等组分合成的浸渍剂，可有效地提高电容器的局部放电起始场强，降低金属化电极的腐蚀现象，明显减小电容量损失，增强了产品的可靠性和延长了使用寿命。电容器的外壳与元件之间，用阻燃物质充填，当电容器内部发生故障时，起到灭火、防火和隔热的作用。

4. 采用过压力防爆保护装置

过压力防爆保护装置的作用是当电容器在某种因素下，内部压力过高时，断开电容器的通路可以达到防爆的目的。这种过压力防爆保护装置通常用于自愈式金属化交流电容器的设计中。

3.4.3 BSMJ 型电容器的工艺特点

通过制造工艺的改进，BSMJ型电容器符合产品标准和满足使用的要求，具有以下特点：

(1) 元件在卷绕过程中，错边量、张力大小应符合工艺规定的参数要求，能够提高喷金质量，便于焊接引线，降低接触电阻，减少损耗。

(2) 喷金工艺通过空气压力、喷枪距离、移动速度、电流等参数的调整，增加喷金层与金属化膜接触牢度，减少损耗值，降低热击穿、电击穿发生的概率，延长产品的使用寿命。

(3) 焊接时必须控制好焊接的时间、焊点的大小、焊接表面的平整度等焊接的状态，如果焊接质量不好，会造成接触电阻变大，增加电容器损耗，使电容器运行过程中发热量增多，导致电容器提前失效，达不到寿命要求。

(4) 调整热处理工艺的时间与温度，热处理时要确保烘箱内部温度分布循环均匀。能够较好地缩小芯子薄膜间隙，提高芯子的紧密度和电容的稳定性，改善产品的电气性能。

(5) 电容器芯子和芯组采取了特殊绝缘措施，增大了芯子和芯组间的绝缘强度。

(6) 根据采用的介质和浸渍料，确定较为合理的真空干燥和浸渍装配工艺，确保电容器在交流电压工作状态下的高绝缘性能，保证电容器的电容量等级要求。

(7) 电容器的主要参数都有较高的内控标准，确保电容器的性能符合或优于相关标准。

（8）制造过程中加强产品节点、工艺卫生等质量控制与信息反馈，关键工序由专人操作和检验。

3.4.4　BSMJ型电容器的技术要求（检验标准）

依据于相关标准GB/T 12747—2017，检验BSMJ型电容器的结构设计和生产工艺是否合理有效。产品的技术要求应符合如下几点：

（1）电容量允许偏差：偏差范围在±5%；相间最大与最小值之比应不大于1.08。

（2）损耗角正切值：$\tan\delta \leqslant 3\times10^{-3}$。

（3）电压试验：端子间交流电压为2.15 U_n；端子与外壳间交流电压为3 kV。

（4）密封性试验：试验环境温度为(70±2)℃，试验2 h后不出现渗漏现象。

（5）热稳定性试验：在(50±2)℃环境下，施加电压使电容器无功功率$Q=1.44\ Q_n$，试验时长为48 h，在最后6 h内温度增加不超过1℃，试验后$\Delta C/C$不大于±2%且$\tan\delta$不大于2×10^{-4}。

（6）放电试验：电容器充电至2 U_n，试验10 min内短路放电5次，试验后$\Delta C/C$不大于±2%；$\tan\delta$不大于3×10^{-3}。

（7）破坏性试验：

① 在(50±2)℃温度下，保持8 h时长，施加1.3 U_n，并测量其试验过程中电容器电流。

② 给端子间施加10 U_n，使其发生击穿而短路（回路中直流短路电流应保持为300 mA），并保持5 s。

③ 在发生短路的试品端子间施加1.3 U_n，保持3 min，再次测量电流。

④ 如果在1.3 U_n下流经的电流为零或低于初始值的66%，则中断试验；否则重复以上步骤直至交流试验电流低于初始值的66%。

⑤ 端子与外壳间施加1500 V，历时10 s。试验后，要求电容器的逸出的液体材料不得成滴下落且外壳可以变形和损伤，但不能爆裂。

（8）自愈性试验：电容器应能承受电压2.15 U_n或3.04 U_n，如果自愈击穿少于5次，则升高电压直至发生5次自愈击穿，或电压达到3.5 U_n或4.95 U_n为止；当电压达到上述电压限值并历时10 s后，自愈击穿少于5次，则可终止试验，试验后$\Delta C/C$小于0.5%；$\tan\delta$不大于临界值（临界值为1.1 $\tan\delta_0$加上1×10^{-4}）。

（9）老化试验：

① 在(45±2)℃下，施加1.25 U_n，试验时长为750 h；

② 电容器充电至2 U_n，通过电感$L=1000\times(1\pm20\%)$，放电1000次，每次持续

时间不小于30 s。

③ 重复试验步骤①一次。

试验中温度均保持在(45±2)℃。试验后,要求电容器无永久性击穿、开路和闪烁,试验后$\Delta C/C$不大于±3%、$\tan\delta$不大于4×10^{-3}、端子与外壳间3 kV,密封性合格。

3.4.5 BSMJ型电容器的型式试验

依据GB/T 12747.1—2017——《标称电压1 kV及以下交流电力系统用自愈式并联电容器第1部分:总则》和GB/T 12747.2—2017——《标称电压1 kV及以下交流电力系统用自愈式并联电容器第2部分:老化试验、自愈性试验和破坏试验》相关要求,开展产品的型式试验。

习　　题

(1) 低压并联电容器的主要作用是什么?

(2) 简述低压并联电容器的工艺流程。

(3) 低压并联电容器中谐波的危害有哪些?

(4) BSMJ型低压自愈式并联电容器的产品检验有哪些主要的技术参数?

第4章 交流滤波电容器

滤波电容器与其他电器件(如电抗器、电阻等)组合在一起构成交流滤波器,并联应用于电力系统中,为一种或多种谐波电流提供低阻抗通道,消除谐波电流,改善电能系统质量,同时向系统提供容性无功功率,提高系统功率因数。自愈式交流滤波电容器(Self-healing AC Filter Capacitor)是一种能够自行修复短路故障的交流滤波电容器,具有较强的可靠性和较长的使用寿命。

4.1 交流滤波电容器的主要特点

随着国民经济的发展和人民生活水平的不断提高,谐波对电网的污染日益严重。为了保证供电的安全可靠性,应采取措施对电力设备运行过程中产生的谐波加以治理,采用交流滤波装置就近吸收谐波源所产生的谐波电流,是降低谐波污染的一种有效措施。交流滤波电容器作为滤波装置中的重要元器件之一,主要作用为互相抵消谐波阻抗,形成一条消除谐波电流的低阻抗通路,吸收谐波电流。具有如下特点:

(1) 高纹波电流。采用无感式卷绕,电流的流向路程短(等于薄膜的宽度),金属化薄膜的等效串联电感(ESL)和等效串联电阻(ESR)极小,能承受大的纹波电流且产生较少的热能。

(2) 耐压能力强。采用高温聚丙烯薄膜,耐温特性好、击穿场强度高,更适合在交流状态下长期使用。

(3) 抗浪涌电流能力强。能够承受瞬间的大电流,采用波浪分切的技术和镀膜边缘加厚工艺,可以提高产品的浪涌电流温度稳定性和抗机械冲击的能力。

(4) 自愈性。在金属化薄膜介质局部击穿时,击穿点能瞬间恢复绝缘的性能。

(5) 使用寿命长。

4.2 自愈式交流滤波电容器的基本工作原理

自愈式交流滤波电容器是一种常用于电力系统中的被动滤波元件,具有很强的自愈能力和可靠性,能够较长时间地保持稳定的电容值,同时也具有较低的能量损耗和较长的使用寿命,深受用户喜爱。不过需要注意的是,在使用自愈式电容器的时候要严格控制其工作电压和电流,以免出现过载等异常情况,导致电容器无法自行修复。

4.2.1 结构组成

自愈式交流滤波电容器通常包括以下几个部分,基本结构组成如图4-1所示。

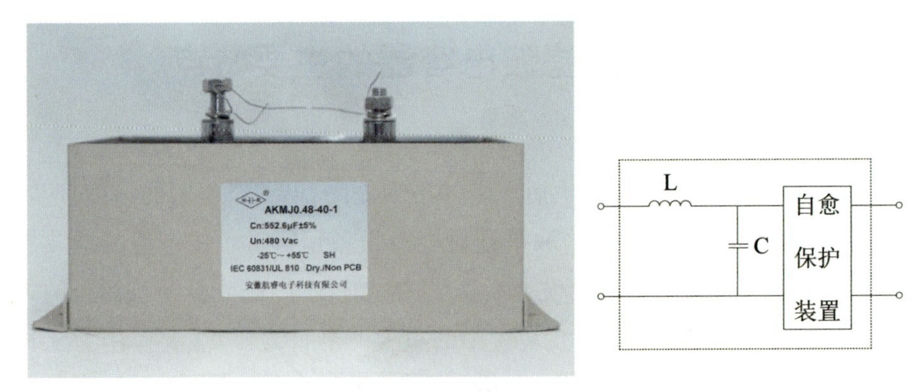

图4-1 自愈式交流滤波电容器的基本结构图

(1) 电容单元:通常采用金属化聚丙烯薄膜电容器进行构造,并选择合适的电容值和电压等级。电容器的电容值和电压等级需要根据实际应用场景进行选择。

(2) 电感单元:通常采用铁芯电感等电感元件进行构造,并选择合适的电感值和电流等级。电感的电感值和电流等级需要根据实际应用场景进行选择。

(3) 自愈保护装置:自愈保护装置通常由一个电子开关器和一个保险丝组成。当电容器内部出现故障时,电子开关器会自动切断电容器与电路之间的电路连接,保险丝熔断,防止故障电容器继续工作,从而导致损坏。

金属化聚丙烯薄膜电容器是自愈式交流滤波电容器的核心部件,它具有较高的电容值和较低的损耗。自愈保护装置用于自动修复电容器内部故障,并保护电容器免受过压和过流的损伤。电感用于减少高频噪声,提高电路效率和稳定性。

4.2.2　基本工作原理

滤波装置由若干无源滤波器并联组成，每个滤波器（包含电容器、电感、电阻等）在1个或2个谐波频率附近或在某个频带内呈现低阻抗状态，从而吸收相应的谐波电流，减少流入交流系统的谐波，达到抑制谐波的目的，同时兼作无功功率补偿之用。

电容单元利用电容效应来存储电荷，在保留低频有用信号的同时，消除交流电信号中的高频信号，减少高频噪声的影响。电感单元则具有低通滤波的效应，能够消除高频信号，在保留低频有用信号的同时，减少高频噪声的影响。自愈保护装置会在电容器内部出现故障时会自动修复故障，保证电容器的正常工作。通过这3个部分的组合，构建出性能稳定、可靠性高的自愈式交流滤波电容器。

在设计自愈式交流滤波电容器时，需要根据实际应用场景选择合适的电容值、电感值、电压等级和电流等级等参数。

4.2.3　应用场景

由于非线性负载大量使用，电力系统中形成越来越多的谐波源。为贯彻国家电能质量标准，加大治理谐波的力度将越来越大，并研发出抑制谐波的方法。交流LC电力滤波器具有结构简单、设备投资少、运行可靠性较高、运行费用较低的特点，同时还可以补偿无功功率，常见的种类有油浸式和干式两种。

（1）方形油浸式交流滤波电容器（图4-2）主要应用于钢铁、冶金、化工以及有谐波源的场所，具有防爆设计、过压力保护装置、自动放电的功能。

图4-2　方形油浸式交流滤波电容器

（2）方形干式交流滤波电容器（图4-3）主要应用于变速传动（如驱动、牵引）、风能变流器、变电站等场所，其具有不锈钢的外壳，同时也具备阻燃树脂灌封、干式结构、无液体泄漏等特点。

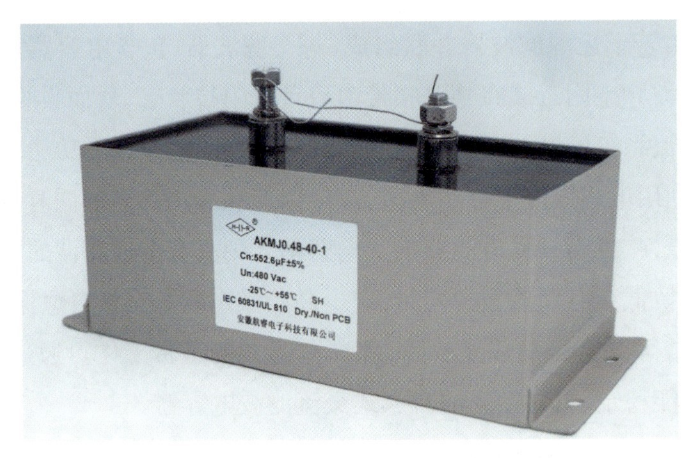

图4-3　方形干式交流滤波电容器

(3) 圆柱形干式交流滤波电容器(图4-4)主要应用于地铁列车、辅助逆变器等场所。逆变器是将直流输入电压变为交流输出电压的电力电子装置，其中电容器是最重要的部件，通常采用干式结构的滤波电容器。

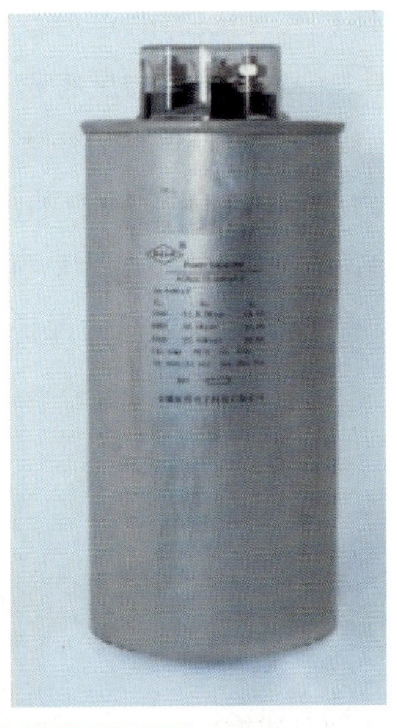

图4-4　圆柱形干式交流滤波电容器

4.3　交流滤波电容器的制造工艺

4.3.1　制造工艺

交流滤波电容器的工艺流程为：

分切→卷绕→喷金→聚合→表面处理→赋能半测→焊接→装配测试→外壳焊接→芯盖焊接→真空浸渍→试漏→成品测试→标识→包装→检验入库。

4.3.2　关键工艺

1. 卷绕工艺

(1) 环境条件：卷绕设备应放在恒温净化厂房中，动态净化度在10000级以上，温度应控制在(20±5)℃，环境相对湿度低于40%。

(2) 卷绕张力：控制好卷绕张力，如果张力太大，金属化膜层变形，薄膜本身疵点面扩大，在交流电场反复作用下，这种薄弱点首先击穿。如果张力偏小，膜层间会有大量空气气泡，在电场长时间的作用下空气发生电离，产生局部发热，加速介质老化。另外，张力偏小还容易使喷金时的金属粉尘进入膜的留边区域，降低了局部放电电压。经过多次反复试验得出，张力大小的确定根据膜宽乘以膜厚再乘以系数(通常为1.5)，此为最佳公式。

2. 喷金工艺

喷金工艺是交流滤波电容器生产中的关键工艺之一，喷金层与芯子极板间接触的牢固程度，对电容器的主要指标(如损耗值等)起着决定性的作用。而喷金层与芯子的附着力、喷金层金属颗粒的粗细与电压电流、压缩空气的压力、喷金丝的送丝速度、喷金距离有关。如果电流太大，容易烫伤金属化膜，反之，喷金料不能熔化。同时空气压力和送丝速度也直接影响颗粒的附着力和金属颗粒的大小，如果颗粒太粗，则不容易进入膜层之间，会产生边缘局部放电。颗粒太细，易发生氧化。如果喷金距离小，则容易烫伤膜面，反之，导致附着力减小。因此，可以将芯子的喷金厚度控制在0.55～0.65 mm范围内。

3. 聚合工艺

聚合工艺的目的是稳定电容器的机械和电气性能。良好的聚合工艺可以降低锌在大气中氧化速度,使电容器的稳定性得以改善,同时还可以进一步消除卷绕张力,提高电晕放电电压,有助于改善设备电气性能。反之,如果交流滤波电容器没有经过聚合或聚合不充分,会使电容器容量损失较为显著,损耗值增大。本书选用的交流滤波电容器聚合工艺为温度范围控制在(90±3)℃,保持10 h。聚合工艺过程中烘箱要确保空气流通,且温度分布均匀。

4. 焊接工艺

使用焊锡丝将联结铜排或者导线焊接在元件两个喷金端面上,端面引线焊接要牢固,焊接电流不宜过大,否则烫伤端面,导致接触电阻增大,反之过小会导致虚焊,在电流冲击下,焊点容易脱落。

4.4 检验与试验

根据相关国家标准和用户需要,对交流滤波电容器的技术做出如下要求:

4.4.1 检验标准

(1) 外观:无污迹、变形、破损、裂痕。

(2) 产品外形尺寸:符合标准或图纸。

(3) 产品标志:图文清晰、内容完整无误。

(4) 外包装标识:图文清晰、内容完整无误。

(5) 端子间交流电压试:每个电容器应承受2.15 U_n,试验期间应不发生永久性击穿和闪烁。允许有自愈性击穿。

(6) 端子与外壳间交流电压试验:

① 当U_n不大于525 V时,测试电压为3000 V,漏电流不超过3 mA。

② 当U_n大于525 V时,测试电压为6000 V,漏电流不超过2 mA。

③ 测试时间至少为60 s,试验期间应不发生击穿和闪烁。

(7) 电容量允许偏差为±5%,相间最大与最小值之比不大于1.08。

(8) 损耗角正切值:$\tan\delta<0.0020$(在100 Hz频率下)。

(9) 内部放电器件试验:对电容器施加$\sqrt{2}\,U_n$直流电压,3 min后断开电源,记录电压降至75 V时所经历的时间。

(10) 油浸式交流滤波电容器密封性试验:试验温度范围控制在(70±2)℃,试验结束2 h后不出现渗漏现象。

4.4.2　可靠性试验

1. 热稳定性试验

(1) 试验方法。将3台被试电容器放置于封闭恒温箱中，当温度达到要求时，保持相对静止气流，3台电容器放置间距为50 mm，封闭箱中的空气温度保持在(45±1)℃范围内，对电容器施加工频试验电压(0.5 kV)，历时48 h，在最后的6 h内测量温度4次，保持最后6 h内温升变化在1 K范围内，试验前后测量电容器的电容和损耗角正切值，热电偶埋在3台被试电容器相邻的2/3位置处。

(2) 试验数据(只供参考)。表4-1和表4-2分别为热稳定性试验过程的最后6 h内温度测试数据和热稳定性试验前、后及热稳定性试验结束时试品的电容和损耗角正切值测试数据，检验结论合格。

表4-1　热稳定性试验过程的最后6 h内温度测试数据

试 品 编 号		4	1	2	恒温箱内空气温度(℃)
测温部位		外壳温度(℃)	外壳温度(℃)	外壳温度(℃)	
累计时间(h)	42	56.3	57.0	56.8	44.5
	44	56.4	57.2	57.0	44.6
	46	56.4	57.2	57.0	44.6
	48	56.4	12.3	57.0	44.6
温升		11.8	18.2	12.4	/
最后6 h温升变化量(K)		<1	<1	<1	/

表4-2　试品的电容和损耗角正切值测试数据

试 品 编 号	1(A—BC)	
热稳定性试验前(环境温度20.0 ℃)	测试电压(kV)	0.415
	tan δ	0.079
	C(μF)	620.69
热稳定性试验结束时(试品壳温57.2 ℃)	测试电压(kV)	0.415
	tan δ	0.093
	C(μF)	613.95
热稳定性试验后(环境温度19.0 ℃)	测试电压(kV)	0.415
	tan δ	0.074
	C(μF)	619.69
热稳定性试验后比试验前变化量	Δtan δ(%)	−0.005
	ΔC(%)	−0.16

2. 放电试验

(1) 试验方法。给电容器任意两端接端子与另一端子间充以2 U_n的直流电压，进行短路放电，在10 min内进行5次；在此后的5 min内进行一次端子间电压试验，历时2 s；在放电试验前和端子间电压试验后测量电容值，两次测量值之差应不大于2%。

（2）试验数据（参考）。放电试验过程的实验数据见表4-3，试验结论合格。

表4-3　放电试验数据表

试　验　编　号		4	1	2
放电试验前电容值（μF）	A—BC	624	623	623
	AC	624	623	624
	AB	624	623	623
端子间试验电压值（kV）	要求值	0.89	0.89	0.89
	实测值	0.89	0.89	0.89
端子间电压试验后电容值（μF）	A—BC	624	623	623
	AC	624	623	624
	AB	624	623	623
试验前比试验后电容变化量	要求值	≤2%	≤2%	≤2%
	实测值	0	0	0

3. 自愈式试验

（1）试验方法。给电容器端子间施加工频交流电压，直到其自愈次数超过5次，记录此时的工频交流电压值。

（2）试验数据（可供参考）。自愈式试验的测试数据如表4-4所示，结论合格。

表4-4　自愈式试验数据表

试　验　编　号		4	1	2
试验前电容值（μF）	A—BC	625	624	625
	B—AC	625	624	624
	C—AB	625	624	624
试验后电容值（μF）	A—BC	625	624	625
	B—AC	625	624	624
	C—AB	625	624	624
试验电压（kV）		0.89	0.89	0.89
自愈次数		>5	>5	>5

4.5　交流滤波电容器的应用

交流滤波电容器能够对电路中产生的交流信号进行滤波处理，从而使输出信号更加稳定，同时还能够消除干扰信号，提高电路输出的准确性和可靠性，在电子电路、电力电网中有着广泛的应用，其主要应用领域如下：

（1）电源器件：交流滤波电容器在电源供应器件中起着至关重要的作用。它们常用于电源滤波电路中，可以消除电源输入交流信号中的高频、低频噪声以及电源纹波，从而提供干净、稳定的直流电源输入。

（2）电子设备：交流滤波电容器广泛应用于各种电子设备中，例如电视机、计算机、音频设备等。通过有效滤除电路中的交流噪声，交流滤波电容器可以提高设备的性能表现和音频质量，使得用户可以享受更好的视听效果。

（3）通信设备：在通信设备和网络设备中，交流滤波电容器常作为关键的滤波元件出现。其主要作用为有效降低信号传输过程中的噪声干扰，提高通信质量和稳定性，确保信号传输的准确性和可靠性。

（4）工业应用：交流滤波电容器在许多工业应用中起到非常重要的作用。例如，在电力电子设备、电机驱动器和变频器等大型工业设备中，交流滤波电容器常用于消除电路中的谐波噪声，保障设备的正常运行。

习　题

（1）交流滤波电容器的主要特点是什么？

（2）自愈式交流滤波电容器的主要功能是什么？

（3）试述交流滤波电容器的生产工艺流程和关键工艺要求。

（4）简述交流滤波电容器的应用领域。

第5章　直流脉冲电容器

直流脉冲电容器(DC Pulse Capacitor),也被称为储能电容器,常应用于脉冲发生器、储能焊机、充退磁电源、激光电源、医用脉冲电源等电子设备中。这种电容器能够在较长时间内充电,在极短的时间内放电,从而形成一个巨大的脉冲功率,通常用于需要高电压、高电流脉冲信号的场合。

5.1　基本工作原理

直流脉冲电容器主要功能是储存大量能量并在瞬间释放这些能量,以产生直流脉冲电压。其工作原理基于电介质的电场和电荷的积累。当对电介质两端施加电压时,在其内部会产生一个电场,如果电压足够高,电介质将变为导体状态,并开始向电容器内部存储电荷。随后,通过连接电容器的电路,可以释放这些存储的电荷,从而形成直流脉冲电压。直流脉冲电容器通常用于需要高电压或高电流脉冲的场合,比如雷达、脉冲放电器等。直流脉冲电容器与普通电容器不同的是,它能够承受高电压和高电流脉冲,并具有很强的瞬态响应性能,能够快速充放电。

5.1.1　结构组成

直流脉冲电容器主要由金属电极和电介质组成。其中,金属电极通常由导电性能良好的金属材料制成,用于存储和释放电荷。电介质则置于两个金属电极之间,用于在施加电压过程中产生电场并存储电荷。电容器内部基本结构如图5-1所示。

直流脉冲电容器内每个电容单元由金属化聚丙烯薄膜电容器和一个连接电路的终端组成,单元的电容量由箔片数量、面积和绝缘材料介电常数等决定。为了提高整个电容器的电压承受能力,会将电容单元串联在一起,并使用高强度绝缘材料隔离。连接电路的终端用于将电容器与电路连接起来,以实现正常工作。

金属化聚丙烯薄膜电容器是直流脉冲电容器的核心部件,它具有极高的电容值和较低的损耗，以提供足够的电荷储存空间。

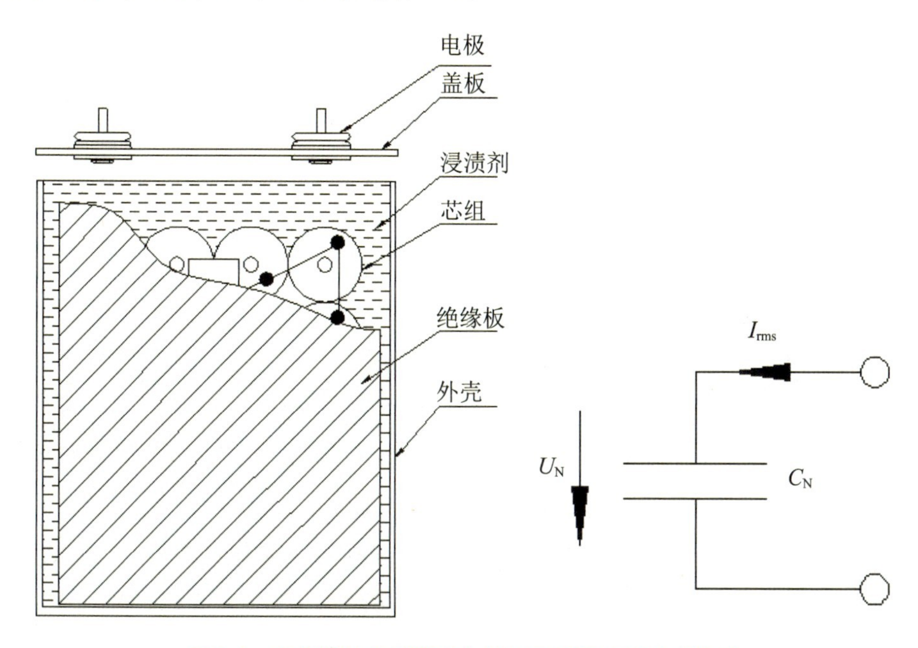

图5-1　直流脉冲电容器基本结构示意图和等效电路图

充放电过程中采用脉冲技术，可以有效缩短充电时间，甚至可以达到毫秒级别，电容的极间电场强度上升的速率极快，其处在高频工作状态，此时就要求采用绝缘介质电介常数高、高频特性好，同时导电膜厚度均匀、导电性好的金属化聚丙烯薄膜。

5.1.2　基本工作原理

直流脉冲电容器由一个或多个电容单元组成。在外加电压的作用下，电容器两极之间会产生一个电场。如果电压足够高，电介质状态将变为导体状态，电容器内部开始存储电荷，当电容器两端的电压发生变化时，电容器中存储的电荷也会相应地改变。存储的电荷也可以通过连接电容器的电路得以释放，使其回到初始状态，并准备下一个充电循环。而当直流脉冲电容器与直流脉冲电路连接时，可以通过反应脉冲信号的变化对其进行滤波，从而提高电路的稳定性和精度。

直流脉冲电容器是一种能够大量储存电荷，并在短时间内释放出来的被动元器件。直流脉冲电容器通过电容效应来存储电荷，并在需要时释放电荷，同时通过内部的滤波电路来消除脉冲信号中的噪声。它通常由两个电极和电介质组成，电介质介于两个电极之间，并且电介质具有较高的介电常数，以便在小尺寸中能存储大量能量。

直流脉冲电容器与普通电容器所不同的是，它需要承受高电压和高脉冲电流，具有很强的瞬态响应性能,同时具有高能量密度和快速充放电的特性,因此可应用于冲击电压发生器和冲击电流发生器及振荡回路等高压试验装置。例如,在雷达和激光系统中,直流脉冲电容器可用于产生高能量的电脉冲;在电泳设备中用于控制电场以分离、转移带电的物质;在医学上,可为MRI(核磁共振成像)等医学成像设备提供快速变化的磁场。此外,直流脉冲电容器还可以应用于电磁成型、储能焊机、海底探矿、精确供能的太空探测器等领域。

5.1.3 电路实现

直流脉冲电容器的电路结构通常包括以下几个部分:

(1) 电容单元。采用金属化聚丙烯薄膜电容器构造,并选择合适的电容值和电压等级。电容值和电压等级需要根据实际应用场景进行选择。

(2) 连接终端。连接电路的终端用于将电容器与电路连接起来,以实现其正常工作。

(3) 绝缘层。绝缘层是一种用于维护电容器内部和外部电场的绝缘材料。绝缘层选用优质材料可延长电容器的使用寿命。

5.2 直流脉冲电容器的设计

直流脉冲电容器在应用中一般需具有储能密度大、电感量小、重复频率高、使用寿命长、短路放电速度快等特点,设计时主要考虑如下技术要求:

(1) 储能密度。储能密度体现在对电容器的额定电压、电容量和体积上的要求,直流脉冲电容器的额定电压范围很大,额定直流电压范围为1 V～500 kV,可以采用串联方式来满足所需要的电压,也可以采用不串不并的单台电容器,但要依据其需要和经济技术要求进行比较确定。额定电压设计过程中首先要确保电容器的使用寿命不受影响,因此,设计时一定要根据其使用条件,正确、合理地选择介质结构和确定工作场强,其直接影响电容器的比体积能量和比体积重量。也可以采用并联的方式达到所需要的电容量,其体积设计一般按照用户要求:

$$W=1/2CU^2$$

$$C=2W/U^2$$

式中,W为电容器储存能量(J);C为电容器的电容量(μF);U为电容器额定电压(kV)。

(2) 电容器的电感。直流脉冲电容器要想得到较高的冲击电流$\mathrm{d}i/\mathrm{d}t$,设计中要尽可能缩短放电时间,加大放电陡度,因此电容器必须具有极小的电感。在设计制造时,应使用铜排焊接单元芯子,连接铜排的引线应选择较小长度。

(3) 电容器的短路性能。一般的电容器大多经过一定数值的电阻或电感放电,因而是没有短路运行方式的;而在某些使用条件严苛的大电流冲击装置中,需要得到较高的冲击电流,这就要求放电回路的电感和电阻要小,当放电的反峰电压达到峰值电压的80%时,电容器的两端直接短路放电,这就对电容器内部结构提出了很高的要求。这一性能要求在做直流脉冲电容器的结构设计时必须充分考虑。

(4) 电容器的重复频率与寿命。直流脉冲电容器在制造使用时需要兼顾重复频率指标。当电容器发生冲击大电流时,其内部的绝缘材料会受到局部放电的影响,随着时间积累,这种放电影响可能引起绝缘材料的损耗变大,从而影响电容器的使用寿命(一般以充电、放电次数计)。不同应用场合的设备对电容器寿命的要求不同,且与其他使用条件密切相关,这也是电容器结构设计时的重要依据之一。

5.3　直流脉冲电容器的制造工艺

在生产制造环节,要严格控制电容器产品的制造工艺,保障产品质量,延长产品寿命。下面是直流脉冲电容器的工艺制作流程和主要参数。

5.3.1　工艺流程

直流脉冲电容器的工艺流程较为复杂,具体可分为以下16个步骤:

分切→卷绕→喷金→聚合→表面处理→赋能半测→焊接→装配测试→外壳焊接→芯盖焊接→真空浸渍→试漏→成品测试→标识→包装→检验入库。

5.3.2　关键工艺

结合工艺流程,对直流脉冲电容器在制造过程中需要关注的关键工艺参数进行详细的介绍:

(1) 卷绕工艺。需要在张力恒定的全自动卷绕机上卷绕元件,且张力要均匀一致,元件层之间的压力要适当。

(2) 喷金工艺。直流脉冲电容器要求喷金厚度控制在0.55~0.65 mm。喷金工艺是直流脉冲电容器制造的关键工艺之一,如果喷金不良会导致端面接触电阻增大,造成损耗增大,产品耐电流能力减弱,缩短产品使用寿命。喷金工艺的好坏主要表现在喷金颗粒的质量、喷金送丝速度、压缩空气的压力等参数是否合适，参数在设定时应满足工艺规程的要求。

(3) 聚合工艺。经过多次试验对比和经验积累，在直流脉冲电容器聚合工艺参数时，要注意聚合温度控制为(90±3)℃范围内，时间保持10 h。

(4) 焊接工艺。直流脉冲电容器内部引线选用铜排结构。铜排结构具有足够的截面积和机械强度，同时需选用尽可能短的引线与元件进行可靠连接，并加以固定，避免在充放电过程中产生的电动力导致内部引线发生断裂或形成大的位移。

5.4 检验与试验

脉冲电容器也称为储能电容器，能够在较长时间内充电，从而形成一个较大的脉冲功率。电容器的可靠性试验是电容器在设计、生产、验收工作后重要步骤，其数据和结论是合理使用电容器、合理设计结构、选择制造工艺和实施工艺控制的重要依据，也是提高电容器性能可靠性的必要手段。因此，在生产制造过程中，有必要采用正确、可靠的试验方法，对直流脉冲电容器产品进行考核和验证。

5.4.1 检验标准

一个直流脉冲电容器在制作完成之后，需经过从外观到性能(见表5-1)等诸多方面的严格检验，才能成为一个合格的产品，下面阐述的是脉冲电容器的出厂检验标准。

表5-1 脉冲电容器的出厂检验标准

检验项目		检验标准
外观检验	外观	无污迹、变形、破损、裂痕
	产品外形尺寸	尺寸应符合标准或图纸
	产品标志	图文清晰、内容完整无误
	外包装标识	图文清晰、内容完整无误
性能检验	密封性测试	(80±3)℃时开始记时，保温24 h，无渗油、漏油的现象
	极间耐压测试	使用直流耐压测试仪，对直流电容器两极间施加1.5 U_n的直流电压(有特殊要求的根据客户要求设定)，测试时间为60 s；应不发生永久击穿、开路和闪烁。如电容器自愈声明显，应重新测试一次，自愈声还不消除则应判为不合格

续表

检验项目		检　验　标　准
	极壳耐压测试	对直流电容器两极与外壳间施加($2\ U_n+1000$)V，但不得小于3000 V(漏电流设定根据容量来调整，400 μF及以下为1 mA、400 μF以上800 μF及以下为2 mA；800 μF以上1600 μF及以下为3.5 mA)的交流电压，测试时间至少为10 s。试验期间应不发生击穿和闪烁
	电容量允许偏差	用电容测试仪进行测试，测试值为电容直读值，并记录到专用表格中。对电容值的控制范围为：脉冲电容器要求的容量偏差为±5%，内控指标为±3%(如客户要求有变化时，则按客户具体要求来进行控制)
	损耗角正切值	100 Hz下，$\tan\delta$应不大于0.0030

5.4.2　可靠性试验

直流脉冲电容器是电子与机械产品的重要组成元器件，其性能好坏直接影响到所在系统的性能和可靠性。近年来国内电容器行业越来越重视电容器的可靠性，从可靠性的角度来分析电容器的试验，能更充分地认识试验的目的、作用和意义。直流脉冲电容的可靠性试验主要包含充放电试验和耐久性试验。

1. 五次充放电试验

(1) 试验要求：脉冲电容器充电直流电压为U_n，试验进行短路放电，试验次数为5次，电容器应不发生击穿，且电容量不应发生变化。

(2) 试验实例：任意一次可靠性试验中，对2只试验样品(CP-2500V-1000 μF)进行五次充放电测试，记录试验结果见表5-2。实验结果表明五次充放电试验产品都是合格的。

表5-2　五次充放电试验结果

短路放电电压	试样1(C=1000 μF)		试样2(C=1000 μF)	
2500 V	C(μF)	$\tan\delta\times10^{-4}$	C(μF)	$\tan\delta\times10^{-4}$
0	1000.52	32	1000.16	32
5	1000.52	32	1000.26	32
变化	产品无击穿、容量损耗无变化		产品无击穿、容量损耗无变化	

2. 耐久性试验

(1) 试验要求：脉冲电容器充电至直流电压U_n，通过电感、电阻回路放电，在振荡频率满足要求的情况下，振荡衰减比不小于0.75，每两次充放电试验之间间隔时间不大于3 min，试验次数为10000次。试验前后均需测量电容器的电容，测得电容值之差应在测量误差范围之内。

(2) 试验实例:某次可靠性试验中,对试验样品(CP-3500 V-2000 μF)进行耐久性试验,试验结果见表5-3。结论表明产品耐久试验是合格的。

表5-3 耐久性试验结果

试验次数	试样1(C=2000 μF)	
	C(μF)	$\tan\delta\times10^{-4}$
0	2001.52	40
1000	2001.46	42
2000	2001.42	43
3000	2001.19	44
4000	2000.85	45
5000	2000.32	46
6000	1999.86	47
7000	1999.50	47
9000	1998.89	48
10000	1998.12	48
变化	$\Delta C/C=-0.17\%$	$\Delta\tan\delta=8\times10^{-4}$

习 题

(1) 简述直流脉冲电容器的基本工作原理。

(2) 为使直流脉冲电容器获得较高的冲击电流,应采取怎样的设计制造方法。

(3) 直流脉冲电容器具有哪些特性? 适用于哪些应用场合?

(4) 喷金工艺是制造直流脉冲电容器的关键工艺之一,简要说明其有哪些工艺要求。

第6章　直流支撑电容器

直流支撑电容器(DC Link Capacitor)是电力电子装置中常用的电容器之一,其具有电容量大、工作电压高、耐腐蚀、耐高温等特点,广泛应用于新能源汽车、光伏逆变器、风电变流器、医美器械等相关领域。

6.1　直流支撑电容器的基本工作原理

直流支撑电容器通常会被连接在电力电子装置的直流电路中,作为电源电路和逆变电路之间的电容器用来提供电能储存和平滑输出。在电力电子装置工作的过程中,电容器会通过对电压的调整和控制,使直流电路的电压保持稳定,并减少电流的波动,从而保证装置的正常运行。

6.1.1　结构组成

直流支撑电容器通常由一个或多个电容单元组成,每个电容单元由金属化薄膜和绝缘材料组成。一般每个电容器单元会被卷曲成圆柱形状,然后用绝缘材料进行分离,形成金属化膜-绝缘材料-金属化膜交替的多层结构,并装入一个金属外壳中,再由灌注材料(聚氨酯或环氧树脂)隔开金属外壳,如图6-1所示。

直流支撑电容器内部常用的电介质材料有金属化聚丙烯膜(MPP)、聚乙烯膜(PET)和聚丙烯膜(PP)等,这些电介质材料具有良好的介电性能和超高的直流支撑能力,可满足各种工作条件下的使用要求。

电容器内部的大小和金属化膜、方阻都会影响电容器的电容值和电压等级。因此,在设计直流支撑电容器时,需要根据实际应用需求选择合适的基膜、方阻值、填充材料,同时按照合理的工艺流程生产。

根据填充的绝缘介质的不同,直流支撑电容器可分为油浸式和干式两类,机车、动车等变流器中的电容器常采用油浸式结构,其他设备中的电容器则大多采用干式结构。

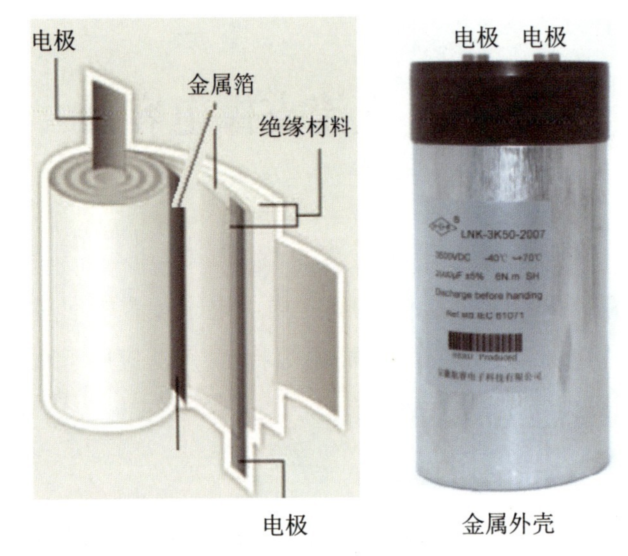

图6-1 直流支撑电容器的基本结构图

6.1.2 基本工作原理

直流支撑电容器利用电容效应存储电荷,常被用在电力电子装置的直流电路中,即在电源电路和逆变电路之间,通过对电压的调整和控制,使直流电路的电压保持稳定,同时减少电流的波动。在电容器连接到直流电路中,直流支撑电器会根据直流电压的大小,存储电荷并维持电压的稳定性,起到电能储存和平滑输出的作用,从而保证装置的正常运行。例如,在交直交变流系统中,直流支撑电容器作为中间储能环节的重要组成部分,衔接整流和逆变两个环节,其具体作用如下:

(1) 对无功功率起补偿作用,起到稳定电压、改善电机输出性能的作用。

(2) 提供负载变化时的能量调节,起到一个补偿能量的作用。

(3) 支撑中间直流回路电压,使其保持稳定。考虑到变流器在短时间内能量的输入和输出可能存在不对等情况,合理设置支撑电容能有效对直流支撑回路的电压进行滤波和缓冲。

6.1.3 功能的实现

直流支撑电容器的功能实现通常包括以下几个步骤:

(1) 高方阻金属化膜的选择。选择方阻大小合适、耐温性能较好的薄膜,并根据所需的电容值和电压等级计算所需的金属化膜重量。

(2) 绝缘材料的选择。选择优质的绝缘材料,以分隔金属化薄膜之间的电场,并防止电容器出现故障。

(3) 电容芯组装。将两层金属化薄膜卷绕成圆柱形状,为达到所需的容量而插入绝缘材料,最后装入一个金属外壳中,并通过灌注料隔开外壳和芯组。

通过以上三个步骤,可以构建出一个可靠的直流支撑电容器。需要注意的是,在使用直流支撑电容器时,需要注意控制电容器的工作电压和内部的电流,避免过电压和过电流导致电容器损坏。另外,还需要注意连接方式,保证连接正确,避免引起短路和电压异常升高等危险情况。

近十年来,随着新能源汽车销量的不断增长,直流支撑电容的使用需求也不断增大。电容器是新能源汽车实现能源控制、电源管理、电源逆变以及交直流变换的关键元器件之一,其可靠性一定程度上决定了车载充电机(OBC)的使用寿命。目前,新能源车载充电机中主要用到三种电容器,分别为直流滤波电容器、直流支撑电容器和IGBT吸收电容器。其中,直流支撑电容器主要用于存储和平滑直流电路中的电能,以保证车载充电机的正常工作。

综上所述,直流支撑电容器是一种利用电容效应来存储电荷并支持直流电压的电子元器件。直流支撑电容器通过金属化薄膜之间的电容效应来存储电荷,并通过支撑直流电压来稳定直流电路。在选择和设计直流支撑电容器时,需要根据实际应用场景选择合适的电容值和电压等级等参数。

6.2　直流支撑电容器的设计

直流支撑电容器采用金属化薄膜电容器,广泛应用于轨道交通、柔性直流输电等大型变流器中,新能源以及电力电子设备的逆变器中。直流支撑电容器是变流器、逆变器的重要组成部分之一,起到稳定电压、滤波等作用,能提供瞬时能量交换,与负载以及电源无功功率变换。

6.2.1　设计要求

直流支撑电容器用于各系统的模块中,为后级系统的功率器件开通的瞬间提供有效值和幅值很高的脉动电流,需要直流支撑电容器承受高幅值纹波电流与很小的ESR。轨道交通使用直流支撑电容器应用工况复杂、环境恶劣,需要直流支撑电容器具备较强的耐压能力。

6.2.2 设计依据

直流支撑电容器的主要技术指标和主要性能指标是电容器设计和选型过程中的重要依据。

1. 主要技术指标

纹波电流I_r、损耗角正切值$\tan\delta$、等效串联电阻ESR、额定电压U_n、电容C等。

2. 主要性能指标

(1) 使用条件。工作环境温度范围为－25～＋70 ℃;储存温度范围为－40～＋70 ℃;环境相对湿度不大于90%;最高使用海拔为2000 m。

(2) 电气参数。端子之间电压测试时,电压采用2倍的额定电压,测试时间为10 s。端子与外壳之间的交流电压测试时,若U_n小于1500 V,则测试电压为3000 V;若U_n不小于1500 V,则测试电压为($2U_n+1000$)V。

3. 设计原理

(1) 纹波电流I_r

电容器实际工作时,在电容器两端施加纹波电压,产生纹波电流I_r。直流支撑电容器需要能承受较高的电流或电压冲击,能有效抑制纹波电流。采用渐变高方阻薄膜,可以提高电容器的击穿耐压。

通常电容器的最大电流I_{max}和纹波电流I_r的数值关系如下:

$$I_{max}\geqslant kI_r,\ k\text{为安全常数}$$

电容器选型设计时,I_{max}还需留有一定的预度。

(2) 损耗角正切值

电容器的损耗角正切值由三部分组成,分别为介质损耗、漏导损耗和金属损耗。介质损耗是指在绝缘材料在电场作用下,由于介质电导和介质极化的滞后效应,在其内部引起能量损耗。介质损耗包括电导损耗、极化损耗和电离损耗。漏导损耗主要取决于电容器的绝缘电阻,绝缘电阻越大,漏导电阻越小,直流支撑电容器采用聚丙烯薄膜为介质,该薄膜属于非极性材料,漏导损耗很小,可忽略不计。金属损耗取决于电极与其引线之间的接触电阻及金属蒸镀层的方块电阻。

(3) 等效串联电阻ESR

直流支撑电容器在工作时会产生比一般电容器大很多的功率损耗,因此在设计选型时,直流支撑电容器必须具有很小的电容器等效串联电阻。具体设计时还需要注意以下几点:

① 电容器用膜的规格：薄膜厚度一致的情况下，同容量、电压的产品选用较窄的薄膜会极大改善电容器的ESR值。

② 电容器用膜的方阻兼顾耐压和ESR值，设计时选择合适的方阻值。

③ 电容器的设计结构：并联结构比串联结构的ESR要小。

直流支撑电容器采用聚丙烯金属化薄膜，无感式卷绕，电流的流向路程短，薄膜电容的ESR极小，在设计合理、工艺控制良好的情况下，直流支撑电容器能承受较大的纹波电容且不发热。

6.3 直流支撑电容器的制造工艺

直流支撑电容器具有能够承受高峰值电流和高纹波电流的能力，且其具有低ESR、低ESL、寿命长、容量衰减等性能，被广泛应用于电力电子行业。高性能的直流支撑电容器采用新的制作工艺和金属化薄膜技术，相对于传统薄膜电容器，提高了能量密度，从而使得电容的体积也随之缩小。

6.3.1 工艺流程

直流支撑电容器的工艺流程较为复杂，具体步骤如下：

分切→卷绕→喷金→聚合→表面处理→赋能半测→焊接→组装→真空浸渍（真空灌注）→清洗→试漏→成品测试→标识→包装→检验入库。

6.3.2 关键工艺

直流支撑电容器在制造过程中需要关注的主要参数如下。

1. 分切工艺

（1）净化间动态净化度在10000级以上，温度应控制在（20±5）℃范围内，环境相对湿度应低于65%。

（2）分切前半成品膜检验。将金属化膜放置在灯箱上进行检验，观察其有无氧化发黑、金属层脱落、划伤、硬性折皱等异常现象。同时测量其尺寸、方阻是否正常，具体要求为：渐变方阻成品加厚区方阻控制在2～4 Ω/口，非加厚区方阻控制在6～55 Ω/口的范围内；高渐变方阻成品加厚区方阻控制在2～4 Ω/口，非加厚区方阻控制在25～45 Ω/口或30～60 Ω/口的范围。分切前半成品膜的方阻测试如表6-1所示。

表6-1 分切前半成品膜的方阻测试

类别名称	方阻标称值方阻偏差		图片	文字说明	其他说明
	加厚区	活动区			
渐变	(3±1) Ω/口	6~55 Ω/口	3~4 12.5 25 $\frac{H-30}{2}+25$ H-5 H	12.5 mm处方阻:7~11 Ω/口;(H−30)/2+25处方阻:30~40 Ω/口;(H−5)处方阻:40~55 Ω/口	最后一个测试点方阻值应不超过55 Ω/口
高渐变	(3±1) Ω/口	25~45 Ω/口	3~4 12.5 25 $\frac{H-30}{2}+25$ H-5 H	12.5 mm处方阻:7~11 Ω/口;(H−30)/2+25处方阻:25~40 Ω/口;(H−5)处方阻:35~45 Ω/口	最后一个测试点方阻值应不超过45 Ω/口
高渐变	(3±1) Ω/口	30~60 Ω/口	3~4 12.5 25 $\frac{H-30}{2}+25$ H-5 H	12.5 mm处方阻:7~11 Ω/口;(H−30)/2+25处方阻:30~55 Ω/口;(H−5)处方阻:50~60 Ω/口	最后一个测试点方阻值应不超过60 Ω/口

(3) 分切设备的张力和速度符合工艺要求,张力太大容易拉伤薄膜,张力太小薄膜容易出现倒伏现象。

2. 卷绕工艺

(1) 环境条件。卷绕设备应放在恒温净化厂房中,动态净化度在10000级以上,温度应在20±5 ℃范围内,环境相对湿度低于65%。

(2) 卷绕设备。好的卷绕设备在装好材料膜卷后不需要进行手工操作,元件质量一致性较好,成品率较高,且有恒定张力控制系统,元件卷绕均匀而紧密,且无皱折,端面平整。

(3) 张力恒定。张力恒定是最重要的因素,如果出现张力不稳定,膜层间容易造成空气隙,导致局部放电或击穿。

(4) 错边量控制。卷绕时,两层金属化膜相互错开的距离就是电容器的卷绕错边。错边量过大会造成卷芯宽度增大,不利于装配;容易使卷芯跑偏。错边量过小,会不利于喷金,附着力不强,容易使产品短路。直流支撑电容器错边一般控制在

1.4～1.6 mm。

3. 喷金工艺

(1) 直流支撑电容器芯子的喷金厚度控制在0.55～0.65 mm范围,太厚会浪费材料,金属层易脱落,附着力不够。太薄焊接时容易烫伤金属化膜,造成接触电阻增大。

(2) 喷金面颗粒均匀,产品端面平整,无明显氧化反应发生。

(3) 确保压缩空气纯净,不含水和油的成分。

4. 聚合工艺

(1) 常温膜聚合工艺:内部均匀升温达到(90±3)℃时,记录时间,同时保持10 h。

(2) 高温膜聚合工艺:70～75 ℃/3 h、90～95 ℃/3 h、103～107 ℃/6 h。

5. 赋能半测工艺

(1) 使用直流耐压测试机,对电容器两端子间先施加500 V,测试时间为30 s,再施加1.5 U_n的直流电压,测试时间为60 s,应不发生永久击穿、开路和闪烁。如电容器自愈声明显,应重新测试几次,如果自愈声还未消除则应判为不合格。

(2) 输入待测产品额定电容量,设定容量偏差范围为−4.5%～+4.5%,半成品芯子电容器损耗角正切值(tan δ)不大于0.0025(在1000 Hz频率下),半成品芯组电容器损耗角正切值(tan δ)不大于0.0030(在100 Hz频率下)。

6. 焊接工艺

用焊锡丝将联结铜排或者导线焊接在元件两个喷金端面上,以将元件的两个电极引出来,根据设计的结构把不同元件的电极焊接成元件组。

7. 真空浸渍(灌注)

真空浸渍(灌注)是直流支撑电容器制造的关键工艺之一。将电容器芯子进行真空干燥处理,除去微量空气和水分,然后浸入菜籽色拉油(或环氧树脂),以增加电容器的寿命和提高其可靠性。

6.4　检验与试验

选用金属化薄膜为介质的直流支撑电容器常应用于轨道交通、柔直输电工程、新能源汽车等领域,其运行性能会直接影响到整个系统的可靠性,所以需对直流支撑电容器产品进行考核和验证。

6.4.1 检验标准

一个直流支撑电容器在制作完成之后，需经过从外观到性能(表6-2)等诸多方面的严格检验，才能成为一个合格的产品。

表6-2 直流支撑电容器检验主要参数

检验项目		检验标准
外观检验	外观	无污迹、变形、破损、裂痕
	外形尺寸	符合标准或图纸
	产品标志	图文清晰、内容完整无误
	外包装标识	图文清晰、内容完整无误
性能检验	极间耐压测试	使用直流耐压测试仪，对直流电容器两极间施加1.5 U_n的直流电压(有特殊要求的根据客户要求设定)，测试时间为60 s；应不发生永久击穿、开路和闪烁。如电容器自愈声明显，应重新测试一次，自愈声还不消除则应判为不合格
	极壳耐压测试	对直流电容器两极与外壳间施加(2 U_n+1000)V交流电压，但不得小于3000 V交流电压(漏电流设定为3.0 mA)，测试时间为60 s
	电容量允许偏差	偏差范围为±5%；相间最大与最小值之比不大于1.08
	损耗角正切值	100 Hz下，tan δ<0.0010
	密封性试验	(80±2)℃，2 h后不出现渗漏现象

6.4.2 可靠性试验

直流支撑电容的可靠性试验方法有很多种，其中较为常用的是热稳定性试验和直流耐久性试验。热稳定性试验主要考核测试产品在规定的电和热共同作用下的稳定温度和温升。直流耐久性试验主要考核测试产品在规定的直流电压作用下容量的稳定性。下面结合实例，对这两种可靠性试验方法进行详细的介绍。

1. 热稳定性试验

将三台被试电容器放置于相对静止空气的封闭恒温箱中，空气温度范围设定(60±1)℃，对电容器施加工额定电流825 A，历时48 h，在最后的6 h内，测量外壳接近顶部处的温度4次，保持最后6 h内温升变化不大于1 K，用温度记录仪记录电容器外壳附近的温度，试验前后测量电容器的电容和损耗角正切值，同时将热电偶埋在试品外壳距离2/3的中心处，测试数据如表6-3所示，测试数据显示产品检验合格。

表6-3　热稳定性试验过程的最后6 h内温度测试数据

试 品 编 号		HR25001	HR25002	HR25003	恒温箱内
测温部位		外壳温度(℃)	外壳温度(℃)	外壳温度(℃)	空气温度(℃)
累计时间(h)	42	65.4	65.6	65.9	60.3
	44	65.3	65.5	65.8	60.4
	46	65.3	65.5	66.0	60.4
	48	65.4	65.5	66.1	60.4
温升		5.0	5.1	5.7	/
最后6 h温升变化量(K)		<1	<1	<1	/

热稳定性试验前、后及热稳定性试验结束时，试品的电容和损耗角正切值测试数据如表6-4所示，测试数据显示产品热稳定性合格。

表6-4　电容和损耗角正切值测试数据

试 品 编 号		HR25001	HR25002	HR25003
热稳定性试验前（环境温度23 ℃）	tan δ	0.04	0.04	0.04
	C(μF)	602.2	603.5	601.9
热稳定性试验结束时（试品壳温65.2 ℃）	tan δ	0.04	0.04	0.04
	C(μF)	601.3	602.1	600.7
热稳定性试验后（环境温度25 ℃）	tan δ	0.04	0.05	0.05
	C(μF)	601.7	602.7	601.2
热稳定性试验后比试验前变化量	Δtan δ(%)	0	0.01	0.01
	ΔC(%)	−0.50	−0.80	−0.70

2. 直流耐久性试验

将电容器放入温度为(70±2)℃的试验箱内，同时对电容器施加1540 V的直流电压，试验时间为500 h(每24 h测试一次容量损耗)。要求试验前后容量变化量不超过±3%。直流耐久性试验前、后及试验结束时试品的电容和损耗角正切值测试数据如表6-5所示，测试数据结果表明检验产品合格。

表6-5　电容和损耗角正切值测试数据

试品编号	HR25004		HR25005	
持续时间(h)	tan δ(10^{-4})	C(μF)	tan δ(10^{-4})	C(μF)
0	4	606.32	4	603.94
23	4	606.45	4	603.42
46	4	605.14	4	602.12
69	6	607.43	6	603.01
92	3	606.79	4	602.88
115	4	606.25	4	602.24
138	4	607.37	3	601.99
161	3	605.82	5	603.16

续表

试品编号	HR25004		HR25005	
持续时间(h)	tan δ(10^{-4})	C(μF)	tan δ(10^{-4})	C(μF)
184	2	604.77	4	601.46
207	7	604.48	2	600.81
230	4	603.79	3	600.83
253	6	604.8	3	600.17
276	8	604.38	5	600.6
299	8	603.14	5	600.79
322	8	604.37	5	599.07
345	9	603.47	5	599.21
368	9	603.51	4	598.64
391	9	602.56	5	598.3
414	9	602.9	5	597.79
437	10	602.78	5	597.36
460	10	601.78	5	596.73
483	11	602.76	5	596.65
506	10	601.72	5	595.49
直流耐久性试验后比试验前变化量	6	−0.76%	1	−1.40%

习　　题

(1) 在交直交变流系统中，直流支撑电容器起到了哪些方面的作用？

(2) 简述直流支撑电容器的基本工作原理。

(3) 什么是纹波电流？设计直流支撑电容器时应如何处理应对纹波电流？

第7章　CBB系列交流电容器

CBB系列交流电容器为聚丙烯电容器，具有体积小、重量轻、电容量范围较宽、绝缘电阻大、损耗角正切值较小、电性能优良、工作温度范围较大、良好的自愈性等特点。大量的CBB交流电容器用于谐振电路、旁路电路以及高频高电压等要求较高的电路中，也被广泛用于电力、照明、单相异步电动机的启动及铁磁共振式换流器等电路模块中。目前主要的CBB交流电容器有CBB65型、CBB60型及CBB61型等型号产品。

7.1　CBB系列交流电容器的基本工作原理

CBB系列交流电容器通常由一个或多个电容单元组成的无极性电容，使用无极性聚丙烯薄膜作为介质。

7.1.1　结构组成

CBB 系列交流电容器采用非极性材料(如聚丙烯、聚苯乙烯、聚四氟乙烯等)作为介质，在介质的表面真空蒸镀一层极薄的导电金属层作为电极(锌铝膜镀层厚度一般为0.01～0.03 μm)，采用无感式卷绕，经过喷金、热处理、赋能、焊接、组装、真空浸渍或注油(CBB60型和CBB61型电容器采用环氧树脂灌封)等工序加工而成，其卷绕形芯子截面如图7-1所示。

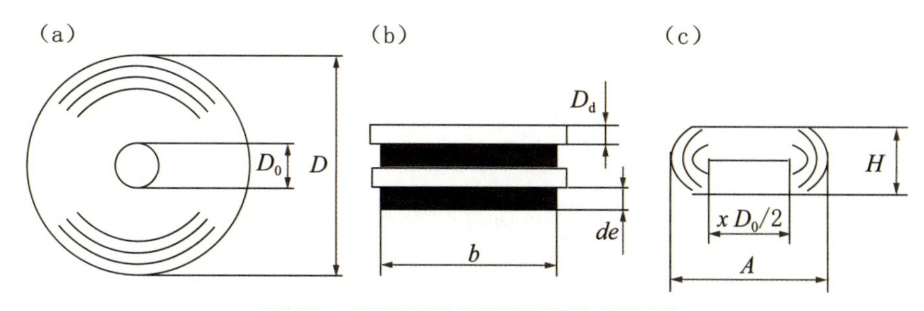

图7-1　CBB系列电容器的基本结构图

(a) 圆柱形芯子截面，(b) 第一圈截面，(c) 矩形芯子截面；D0：芯轴直径；D：芯子的外径；b：极板宽度；Dd：介质厚度；de：极板厚度；A：矩形芯子高度；H：芯子宽度

目前有机薄膜蒸镀层的金属一般为铝、锌、银、锡、铜等。锌的蒸发温度最低，便于蒸发，很适合有机薄膜。实际使用中交流电容器大多采用锌铝复合膜。

7.1.2 基本工作原理

CBB系列交流电容器的工作原理与一般的电容器相似，但其具有更大的电容值和电压等级。

(1) 存储电荷。当CBB系列交流电容器连接到交流电路中时，电容器会根据电路中存在的电场强度存储电荷。电荷的获取和释放取决于交流电压的方向和大小。

(2) 抵抗电流。CBB系列交流电容器可以在交流电路中起到抗流的作用。当电容器连接到交流电路中时，电场会抵消电路中的电流，降低电路中的电压，从而降低电路中的噪声和干扰。

(3) 滤波和分频。由于电容器的抗流作用，CBB系列交流电容器在交流电路中可以起到滤波和分频的作用。当电容器连接到交流电路中时，可以根据不同的电容值和电压等级来过滤交流电路中具有特定频率的成分，从而实现分频和滤波的目的。

(4) 设计和制造。在CBB系列交流电容器选择和设计时，需要考虑其电容值、电压值、薄膜等级、金属箔、绝缘材料等关键参数。

① 选材：CBB交流电容器材料的选取主要考虑到电容器的可靠性、精确性、寿命等要求。一般来说，电容器的电极材料和介质材料都是非常关键的。电极材料应该具有优良的导电性能和较强化学稳定性，所以一般采用金属薄膜；介质材料应该具有良好的电气性能，通常考虑介电常数、损耗因子、击穿强度等参数。

② 结构设计：CBB交流电容器的结构设计需要考虑到电容器的体积、功率密度、散热、安全性等要求。在设计结构时，需要考虑到金属薄膜的数量、结构、厚度等因素。一般来说，金属薄膜数量越多，电容器的容量越大，但电容器的损耗和温升也越大。此外，电容器的接线方式、封装材料、绝缘强度等也是需要注意的因素。

③ 电性能设计：CBB交流电容器的电性能设计需要考虑到电容器的电容值、精确性、损耗因子、工作电压、交流电流等因素。电容器的电容值和电压等级可根据不同应用场景来选择。在保证电容器精确性的同时，需要降低电容器的损耗因子，以提高电容器的能量效率。为了满足高功率应用，电容器的交流电流和电压等级也需要得到精密的控制。

④ 工艺制造：CBB交流电容器的制造需要采用一系列的工艺流程，包括箔材加工、涂覆、封装等多个环节。其中，箔材加工包括箔材切割、压印、层压等工艺；电容器涂覆需要采用高精度涂覆设备，以保证涂层的厚度和均匀性；电容器封装则需要考虑到密封性、散热性等因素。

CBB系列交流电容器的设计和制造需要对电容器的材料、结构、电性能等多方面进行精密控制,可以具有高精度、高性能、长寿命等特点,适用于各种高要求的电力电子系统和应用场景。

7.2　CBB65型交流电容器

CBB65型电容器被广泛用于马达、压缩机、空调器等频率范围在50～60 HZ的交流电源供电的单相电动机,以及大功率照明灯具的功率因数补偿电路。该系列电容器采用金属化聚丙烯薄膜,内部有压力式防爆装置,引出端为焊片结构,具有体积小、重量轻、自愈性好、使用安全可靠等特点。

7.2.1　CBB65型电容器的设计

技术要求和使用条件是CBB65电容器设计的依据,CBB65电容器的设计主要从芯子的几何尺寸和外部保护结构两个方面进行。

1. 技术要求

(1) 额定电压U_n:200～500 V;

(2) 额定电容量C_n及其允许偏差:±5%;

(3) 额定频率F_n:50 Hz/60 Hz;

(4) 损耗角正切值:$\tan\delta$不大于2×10^{-3}(在100 Hz频率下);

(5) 绝缘电阻:不小于3000 MΩ;

(6) 电压试验:端子间交流电压:1.75 U_n;端子与外壳间交流电压:(2 U_n+1000)V;

(7) 安全防护等级:S1、S2;

(8) 电容器的运行等级:A级(30000 h)、B级(10000 h)、C级(3000 h)、D级(1000 h)。

2. 使用条件

(1) 环境:CBB65型电容器在使用时应防止阳光直射,并注意防雨、防雪。

(2) 海拔:安装运行地区海拔不超过2000 m。

(3) 投入时的剩余电压:电容器投入时的剩余电压不超过额定电压的10%。

(4) 污秽程度:安装运行地区为轻污秽地区。

(5) 运行温度:电容器运行的温度范围为-25 ℃～+85 ℃。

(6) 湿热严酷度:电容器的湿热严酷度为21天。

(7) 最高允许电压:适应于在引出端间电压有效值不超过1.1倍额定电压的异常条件下长期运行。

(8) 最大允许电流:适应于在电流有效值不超过由额定正弦波电压和额定频率所产生电流的1.3倍场景下运行。

3. 主要设计过程

(1) 电容器芯的设计

① 介质厚度的确定。根据技术要求和使用条件,确定介质的厚度,一般介电强度(V/μm)不小于300 V/μm。常规设计B、C级的CBB65电容器介质厚度选取见表7-1。

表7-1 B、C级CBB65电容器介质厚度选取

序号	额定电压(V)	介质厚度(μm)
1	200~250	4~5
2	300~400	6
3	450	7
4	500	8

② 金属化膜宽度的选取要根据外形尺寸进行,金属化膜宽度的选取见表7-2。

表7-2 金属化膜宽度的选取

序号	CBB65电容器类别	金属化膜宽度(mm)
1	常规电容器(二端子)	25
2	复合电容器(CBB65芯组与CBB61芯组上下叠加)	30
3	复合电容器(CBB65芯组与CBB61芯组上下叠加)	30
4	复合电容器 (CBB65芯组与CBB65芯组上下叠加)	40
5	复合电容器(CBB65同轴卷绕)	30

③ 金属化膜留边的选取。留边的大小决定了电容器在工作电压和试验电压下的绝缘性能的可靠性,对电容器的外形尺寸也有着影响。金属化膜留边的选取见表7-3。

表7-3 金属化膜留边的选取

序号	成品膜宽度(mm)	留边宽度(mm)
1	25~45	1.5
2	50~75	2
3	80~120	2.5

④ 芯子直径。芯子直径应不大于铝壳直径−5毫米的厚度;同轴卷绕的小芯子内径直径应不小于18 mm;根据直径计算公式:

直径=(144×膜厚×膜厚×容量)/(2.2×有效面积)+芯轴×芯轴)

其中

有效面积=膜宽−2×留边宽度

⑤ 方阻值。CBB65电容器采用边缘加厚技术，加厚区（宽度为8～12 mm）和非加厚区方阻比例为1∶2或1∶3），一般情况加厚区方阻值为2～4 Ω/口，非加厚区方阻为6～10 Ω/口，特殊情况根据用户要求进行控制。

（2）电容器的外部保护结构设计

芯子是电容器的主要部分，由于芯子的性能受着外部因素的重大影响，所以为了保证电容器在使用条件下能长期工作，外部结构也至关重要。

① 胶质线选择。依据相关计算公式，选择规格合适的胶质线。一般CBB 65-450 V-30 μF的产品会选择0.5 mm^2 胶质线；CBB 65-450 V-50 μF的产品会选择0.75 mm^2 胶质线。同时要求胶质线在3000 V电压测试环境下10 s内不被击穿。

② 外壳的选择。电容器外壳符合UL 810《电容器》要求，并参照采用SJ/T 11149—1997《铝电解电容器用铝壳通用规范》，材料为防锈铝LF21，其强度足以保护电容器芯子。

③ 防爆盖板组件。防爆盖板组件由盖板总成、防爆板组成，如图7-2所示。

序号	名称	材质或其他
1	铆钉	A3钢
2	二插片端子	H65铜镀锡
3	绝缘座	PBT
4	密封圈	101硅橡胶
5	盖板	马口铁
6	连接片	厚纸板
7	防爆板	尼龙66+10%玻璃纤维

图7-2　防爆盖板组件

当电容器超过其使用寿命后，由于金属化薄膜过度自愈，以及聚丙烯薄膜长期在电场作用下逐渐老化，会分解产生大量气体，导致铝壳内部压强上升，而铝壳上部的外翻边与盖板的外翻边的滚边咬合紧密，致使盖板的中间部位向上隆起，从而拉脱防爆板上固定的焊点，达到电容器开路保护的防爆效果。

7.2.2　CBB65型电容器的制造工艺

1. 工艺流程

CBB65电容器的工艺流程如下：

分切→卷绕→喷金→聚合→表面处理→赋能半测→焊接→组装封口→真空干燥

→浸渍→成品焊接→清洗→试漏→成品测试→标识→包装→检验入库。

2. 关键工艺

(1) 分切工艺

分切速度:有效控制分切速度,防止因速度过快导致膜面擦伤。J70700-18/ZF型分切机速度参数见表7-4。

表7-4 分切机速度参数

设　　备	设备速度参数	工艺速度参数
J70700-18/ZF 型分切机	不小于7 μm分切最高速度为280 m/min	不小于7 μm分切最高速度为150 m/min
	小于7 μm分切最高速度为220 m/min	小于7 μm分切最高速度为120 m/min

设备张力:根据薄膜厚度的不同,操作人员可根据实际操作情况加以调整设备张力参数。J70700-18/ZF型分切机张力参数见表7-5。

表7-5 分切机张力参数

设　　备	薄膜的厚度(μm)	设备张力参数(kg)
J70700-18/ZF 型分切机	4	3.0～3.2
	5	3.2～3.5
	6	4.0～4.4
	7	4.2～4.8
	8	5.0～5.5

(2) 卷绕工艺

环境条件:卷绕设备应放在恒温净化厂房中,动态净化度在10000级以上,温度应在(20±5)℃,环境相对湿度低于65%。

错边量:容量不大于40 μF,错边量1.0～1.2 mm;容量大于40 μF,错边量1.2～1.5 mm。

张力恒定:张力是最重要的因素,否则膜层间容易造成空气间隙,导致局部放电或击穿。张力大小计算根据膜厚、膜宽。计算公式:膜厚×膜宽×1.5(例如,7×100×2.5产品张力为7×100×1.5=1.05 kg)。

(3) 喷金工艺

喷金材料的选择:使用锌锡合金丝,增加喷金层与金属化膜的金属层之间的黏接强度和相互渗透力。

电压和电流:电弧电压一般在20～25 V之间,电流一般在40～60 A之间。保证电弧火焰稳定,喷金丝充分熔化又不造成温度过高。

压缩空气压力、净化度的控制:压缩空气的压力控制在0.5～0.7 MPa范围内较合适,压力过低则喷射力不够,不利于颗粒细化。压力也不能过高,否则导致错边伸出的金属化膜倾斜,影响端面的接触牢度和减少接触电阻。压缩空气应经过滤、干燥处理达到规定的净化度。

喷枪距离的选择：较小的喷金距离能够增强喷金材料与芯子端面金属化膜的牢固度，但如果喷金距离过小，则容易烫伤金属化膜。而过大的喷金距离会导致喷金层结合牢固度不够，喷金材料的大量损失，一般第一枪枪距应大于第二枪枪距。

喷金厚度的控制：CBB65电容器喷金厚度一般控制在0.45～0.55 mm范围内，如果喷金厚度过小，不利于引线焊接；如果喷金厚度过大，则提高了材料成本。

(4) 聚合工艺

将喷金后的电容器芯子进行热定型，提高其性能及电性能的稳定性。根据金属化膜的种类与厚度以及产品的容量范围，产品聚合的温度和时间参数设定如表7-6。

表7-6　聚合的温度和时间

膜的种类	膜厚范围(μm)	容量范围(μF)	80 ℃保持时间(h)	100 ℃保持时间(h)
普通膜电容器芯组	4～6	≤35	2	2
	4～6	>35	2	3
	7～8	≤30	2	4
	7～8	>30	4	6
	9～12	≤18	2	4
	9～12	>18	4	6
膜的种类	膜厚范围(μm)	容量范围(μF)	80 ℃保持时间(h)	110 ℃保持时间(h)
高温膜电容器芯组	4～6	≤35	2	3
	4～6	>35	2	4
	7～8	≤30	2	5
	7～8	>30	2	6
	9～12	≤18	2	4
	9～12	>18	4	6

(5) 赋能半测工艺

通过赋能清除CBB65电容器芯子内部的电弱点，并对其进行半成品测试。

预赋能电压：一般为50～100 V，同时消除电介质杂质。

芯子测试电压：高压测试电压为1.75 U_n；第一直流电压1.25 U_n；第二直流电压2.5 U_n。

容量偏差范围：偏差范围为±5%；损耗角正切值(tan δ)不大于0.0020(在100 Hz频率下)。

(6) 焊接工艺

焊点要求：每个焊点的焊接时间少于2 s，芯组上的焊点直径控制在5～8 mm内，同轴卷绕产品的小芯组单独焊点直径为3～5 mm，所有焊点不高于2 mm，应牢固地附着在端面或平焊片上，焊点表面应光滑平整，无虚焊、气孔、烫伤膜和漏焊现象。

焊接引线的选择：根据电流计算公式，一般电流I不大于5 A，使用0.5 mm^2的胶质线；电流范围在5～7.5 A，使用0.75 mm^2的胶质线；电流I大于7.5A ，使用1.0 mm^2的胶质线，CBB65电容器1 mm^2线载电流为10 A。

在用户许可的情况下尽可能选用长度较短、截面积较大的引出线，可降低金属部分的电阻，这对控制和降低金属化薄膜的高频损耗是有利的。

(7) 真空浸渍工艺

CBB65电容器应进行真空浸渍，让浸渍剂进入电容器芯子两端，以阻止使用中空气、水分的侵入，保证电容器的使用寿命。

浸渍剂为一种植物油，优点是具有较高的物理、化学稳定性，不易氧化，电场强度高，对生理、生态无害。缺点是属极性材料，易老化；另一种为聚异丁烯，优点为在高温挥发或热分解后不会形成残留物，耐氧化，不透水蒸气及其他气体，具有憎水性。缺点是室温下流动性不好，当电容器芯子卷绕得不紧时，芯子会发生溶胀现象。

浸渍剂重量控制。浸渍剂过多，没有空间容纳气体，就会压迫防爆装置提前动作，电容器开路失效，如果浸渍剂过少，电容器散热不好，也可能导致电容器提前热击穿。

从经验来看，应保持在电容器外壳中剩余空间的75%～90%为宜。

(8) 成品测试

耐压测试。端子间交流电压(2.15 U_n)；端子与外壳间交流电压(一般为3000 V)。

绝缘电阻测试。绝缘电阻不小于3000 MΩ(例如，测试电容器容量为30 μF，电容器绝缘电阻应不小于100 MΩ)。

容量及损耗测试。容量偏差范围为±5%，损耗角正切值见表7-7。

表7-7 CBB65损耗角正切值

容量范围(μF)	损耗角正切值(在1 kHz下)	容量范围(μF)	损耗角正切值(在1 kHz下)
20及以下	≤20	20<C≤40	≤30
40<C≤60	≤40	60<C≤100	≤50

7.2.3 检验与试验

CBB65型电容器检验分为过程检验和出厂检验，且需要定期进行可靠性试验。

1. 过程检验

(1) 分切工序过程检验

将半成品金属化膜分切成各种宽度，同时对成品金属化膜进行抽样检验。

① 分切工序各参数检查。检查净化间温度和湿度是否符合规定，即温度控制在15～30 ℃范围内，湿度不小于50%；检查滚筒是否灵活、有无毛刺；检查分切速度是否符合工艺要求。

② 膜面质量。金属化膜面目测应清洁，金属层光亮，留边处应清晰，不应有模糊的边界；使用卷尺、放大镜和显微镜测量金属化膜面应表面平整，不允许有纵向硬性皱折和划痕，但允许有正常卷绕张力下能清除的活性皱折和不影响膜性能的痕迹和自愈点。

③ 膜卷端面质量。膜卷端面应平整、无毛刺，允许有在开始卷绕时有半圈或每个接头处有1圈不大于1 mm的凸出膜层。

④ 接头标记。膜卷接头数量不大于2个，接头应有明显标记，每个接头间距不小于500 mm。

⑤ 静电消除。将膜卷水平悬挂，采用量程为2 m以上的钢卷尺，测量膜带自由下垂1500 mm为正常。

⑥ 膜卷要求。使用游标卡尺检测：

当膜宽不大于30 mm时，端面凹凸不大于0.3 mm，膜卷翘边不大于0.3 mm，膜层位移不大于0.3 mm。

当膜宽大于30 mm时，端面凹凸不大于0.3 mm，膜卷翘边不大于0.4 mm，膜层位移不大于0.4 mm。

目测每卷膜卷上是否贴有表示留边在左侧或右侧的成对标志，以及加工规格，生产批号标志。

⑦ 尺寸要求。使用游标卡尺检测，要求见表7-8。

表7-8　分切尺寸要求

膜宽及允许偏差(mm)		留边宽度及允许偏差(mm)	圈芯内径(mm)	膜卷内径(mm)
＜25	±0.3	1.5±0.3	$75^{+1.0}_{-0.5}$	180^{+40}_{-30}
		2.0±0.3		
25～50	±0.4	2.5±0.4		
＞50	±0.5	3.0±0.4		
		3.5±0.4		

⑧ 镀层方阻。方阻：边缘加厚区为2～4 Ω/口，非加厚区为6～9 Ω/口（边缘加厚型锌铝膜加厚区宽4～6 mm，含虚边）。

⑨ 时间节点。按照公司时间节点的要求，对各产品进行检验，检查各产品有无超期现象。

（2）卷绕工序过程检验

① 卷绕工序参数检验。检查净化车间的温度和湿度是否满足要求，即温度控制在15～30 ℃范围内，湿度不大于50%；检查各滚轴是否灵活，滚轴上是否有毛刺，金属滚轴上是否有锈迹等不良现象；检查设备的气压是否在0.45～0.65 MPa之间；检查所使用的卷绕机的张力是否符合专业要求；检查设备参数如下：

Ⅰ. 薄膜厚度不小于6.5 μm、线速度不大于16000 r/min、本卷速度不大于6500 r/min。

Ⅱ. 薄膜厚度小于6.5 μm、线速度不大于15000 r/min、本卷速度不大于5500 r/min。

Ⅲ. 卷绕机速率:加速度不大于35 r/min、减速度不大于20 r/min。

Ⅳ. 卷绕机左、右压轮压力:左压轮(4.0±0.2)kg,右压轮(3.5+0.2)kg。

② 外观检查。目测卷绕芯子有无伸头、盆形、S形和膨胀,金属化膜有无烫伤现象;目测卷芯两端有无明显磨损。

③ 容量检验。使用容量测试表检测容量是否符合产品要求。

④ 尺寸。使用游标卡尺测量卷绕芯子的错边量是否满足设计要求:使用游标卡尺测量卷绕芯子的错边量范围,电容量不大于40 μF,错边量范围为1.0~1.2 mm;电容量大于4 μF,错边量1.4~1.6 mm,测量方法为使用游标卡尺量得的产品高度减去金属化膜的宽度;检查热封情况,热封后包封不得松散,包封膜无破损。

(3) 喷金工序过程检验

① 外观。目测产品两端喷金面颗粒是否均匀,有无金属光泽,有无氧化现象;PP胶带是否有烫伤。

② 喷金层厚度。喷金层厚度要求在0.45~0.55 mm范围,用PP胶带粘上玻璃板或平纸板试喷,测量中间部位厚度。

③ 设备参数设置。按照工艺文件要求对每台喷金机的参数进行检验,如枪距、喷金电流、喷嘴气压、链条速度、电弧电压等。

④ 时间节点。按照公司时间节点的要求,对各产品进行检验,检查各产品有无超期。

(4) 焊接工序过程检验

① 外观检验。检验方法为目测;观察焊点表面是否光滑平整,有无气孔、毛刺、虚焊、漏焊、错焊等现象,确保金属化膜未被烫伤;焊接的盖板、上定位套、引线的连接方法是否符合设计文件的要求。

② 焊点检验。使用游标卡尺测得焊点直径范围为5~8 mm,高度低于2 mm,焊接时间小于2 s。

③ 焊接强度。使用砝码或铁模块拉焊接好的引线,焊点应能承受78.4 N的拉力且不脱落。

④ 时间节点。按照公司时间节点的要求,对各产品进行检验,检查各产品有无超期现象。

2. 出厂检验

(1) 外观检验

① 电容器引出端插片无氧化、锈迹、污物、缺角,无机械损伤,不影响插拔。

② 电容器引出端为外接引线端子绝缘座灌环氧产品，将引线拉直后180度折弯，检查引线根部有无露铜现象，同时观察引线表面有无明显污物、氧化。

③ 电容器表面有无明显变形、破损、裂纹，外壳和盖板有无锈蚀、污物。

④ 针对底部有螺栓的产品，要求螺栓纹路清晰，螺纹完整、不歪斜。

⑤ 电容器标识要求清晰，且内容正确无误。

⑥ 外包装箱标识要求清晰，且内容正确无误，包装箱无污物且不破碎。

⑦ 实际包装的电容器与出厂合格证、电脑码单和外包装箱上标注的规格、数量要一致。

(2) 尺寸

① 电容器尺寸、电缆线护套和总长符合要求。

② 根据其图纸测量端子尺寸(宽度、厚度、高度)、封口处直径、封口后高度。

(3) 电性能

① 检查厂检室温度、湿度(温度保持在15～30 ℃，湿度不大于65%)。如果温度、湿度不达标，则不能进行电性能检验。

② 耐电压测试。极间耐压使用交流耐压测试仪，对电容器两极间施加2 U_n的交流电压，测试时间为3 s，测试中不发生永久击穿、开路和闪烁。如果电容器自愈声明显，应重新测试一次，若自愈声不消除，则应判为不合格；极壳耐压是对电容器两极与外壳间施加(2 U_n+1000)V(漏电流设定为1 mA)的交流电压，测试时间为2 s，试验期间不发生击穿和闪烁。

(4) 绝缘电阻

绝缘电阻应不小于3000 MΩ•μF，测试过的电容器应充分放电，避免因短路放电而破坏端子镀层，从而防止余电伤害检验人员和仪表。

(5) 电容量和损耗角正切测试

测试容量偏差范围为±5%，损耗角正切值见表7-9。

表7-9　损耗角正切值

容量范围(μF)	损耗角正切值(1 kHz下)
≤20	≤25
20<C≤40	≤35
40<C≤60	≤50
60<C≤100	≤60

3. 可靠性试验

CBB65型电容器具有电容量稳定且偏差范围小、损耗因数低、绝缘电阻高等特点，产品的质量和可靠性也要求开展试验来验证。

(1) 耐久性试验

CBB65型电容器采用GB/T 3667.1—2016《交流电动机电容器》标准(等同采用IEC 602525—1:2013),在耐久性试验通过后,即认为被试品的耐久性达到了产品标准的要求。例如CBB65-450V-25uF产品的寿命等级要求为C级。设为电压为1.45 U_n小于653 V,试验温度为85 ℃,试验时间为100 h。试验方法为将电容器置于恒温烘箱中,温度为85 ℃,试验电压为653 V,试验持续时间100 h,试验后,观察电容器外观有无显著变化,且试验后电容器容量对于初期值的变化范围在3%之内。试验数据见表7-10。

表7-10 CBB65电容器耐久性试验数据

电容规格	序号	实验前		100 h试验后		变 化	
		C(μF)	tan $\delta\times10^{-4}$	C(μF)	tan $\delta\times10^{-4}$	$\Delta C/C$	tan $\delta\times10^{-4}$
CBB65-450V-25 μF	1	24.94	23	24.63	22	−1.25%	−1
	2	25.01	22	24.80	22	−0.83%	0
	3	25.19	23	24.94	23	−0.98%	0
	4	25.28	23	25.05	23	−0.91%	0
	5	25.07	22	24.84	22	−0.92%	0

从上面试验结果看,电容量和损耗角正切的变化量很小,该试品的寿命等级符合要求。

(2) 短路充放电试验

短路充放电试验主要筛选喷金工艺的不良品,检验喷金材料是否合适,工艺是否最佳。选取试样CBB65-450VAC-25 uF电容器2只,进行短路充放电测试,测试结果如表7-11。

表7-11 短路充放电试验数据

充放电次数 900V 充3 s放3 s	试样1(C=25.12 μF)		试样2(C=25.25 μF)	
	C(μF)	tan $\delta\times10^{-4}$	C(μF)	tan $\delta\times10^{-4}$
0	25.12	22	25.25	22
100	25.08	22	25.21	22
200	25.07	23	25.17	23
300	24.99	23	25.11	23
变化	$\Delta C/C=-0.52\%$	$\Delta\tan\delta=1\times10^{-4}$	$\Delta C/C=-0.55\%$	$\Delta\tan\delta=1\times10^{-4}$

通过上述实验结果表明CBB 65-450V-25 μF的2只试样经受住2 U_n(900 V)充电3 s后又放电3 s的充电试验。充放电次数为300次,测试后$\Delta C/C$和Δtan δ值不大,说明产品的质量稳定。

(3) 破坏性试验

① 试验方法。直流电源的电压应以大约200 V/min的速度从零开始增加,直到

发生短路或达到了10 U_n为止。然后，对电容器施加1.3 U_n的交流电压。如果电容器自愈(仍有效)或成为开路，则应将电压保持5 min。如5 min后电容器仍有效，则应重新进行直流电压处理。如果电容器短路，则应将试验维持8 h。试验后电容器不得爆裂，内部物质不得流出，引出端子不得熔融燃烧，能承受1600 V交流电压的极壳耐压。

② 试验数据(参考)。如表7-12所示，依据相关测试结果，实验结论合格。

表7-12　破坏性试验实验结果

电容规格	序号	试验后		
		开路或短路	外观	1600 V极壳耐压
CBB65-450 V-50 μF	1	开路	正常	通过
	2	开路	正常	通过
	3	开路	盖板一侧鼓起较高	通过
	4	开路	正常	通过
	5	开路	正常	通过
	6	开路	正常	通过
	7	开路	盖板一侧鼓起较高	通过

图7-3为破坏性试验前、后的外壳变化情况。产品在试验过程中出现开路现象，极壳耐压合格，本次试验合格。

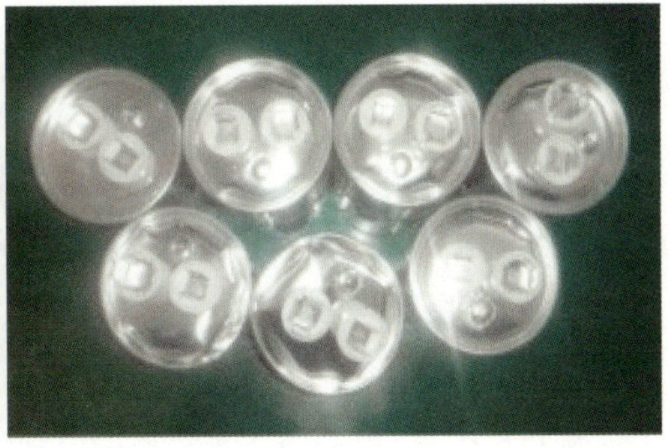

图7-3　CBB65产品破坏性试验前后情况

7.3　CBB60型交流电容器

CBB60型电容器主要适用于水泵、洗衣机、清洗机等交流电动机的启动和运行电路中，等效电路如图7-4所示。

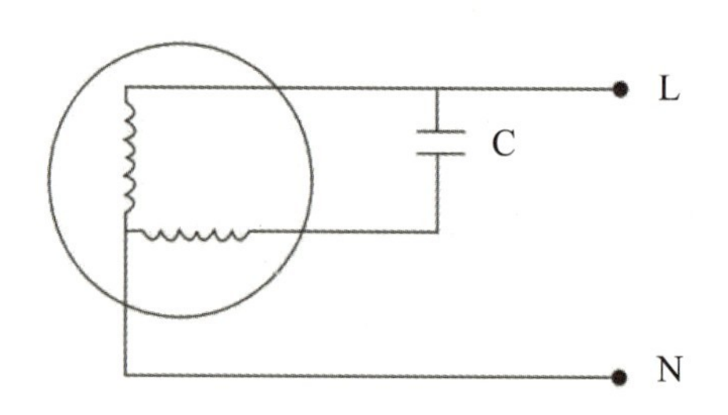

图7-4 CBB60型电容器等效电路图

7.3.1 CBB60型交流电容器的设计

1. 技术要求

额定电压U_n:150～600 V。

额定电容量C_n及其允许偏差:±5%。

额定频率F_n:50 Hz/60 Hz。

损耗角正切值:$\tan\delta \leqslant 2\times10^{-3}$(100 Hz状态下)。

绝缘电阻:不小于3000 MΩ。

电压试验:端子间交流电压:1.75 U_n;端子与外壳间交流电压:(2 U_n+1000)V。

安全防护等级:S0、S3。

电容器的运行等级:A级(30000 h)、B级(10000 h)、C级(3000 h)、D级(1000 h)。

2. 使用条件

安装海拔高度:安装运行地区海拔不超过2000 m。

投入时的剩余电压:电容器投入时的剩余电压不超过额定电压的10%。

污秽程度:安装运行地区为轻污秽地区。

运行温度:电容器运行的温度范围为−25～+85 ℃。

湿热严酷度:电容器的湿热严酷度为21天。

最高允许电压:适于在引出端间电压有效值不超过1.1倍额定电压的异常条件下长期运行。

最大允许电流:适于在电流有效值不超过由额定正弦波电压和额定频率所产生的电流的1.3倍电流条件下运行。

3. 主要过程

(1) 结构设计

该系列产品采用阻燃塑壳或金属外壳,环氧树脂密封,结构外形如图7-5和图7-6所示。

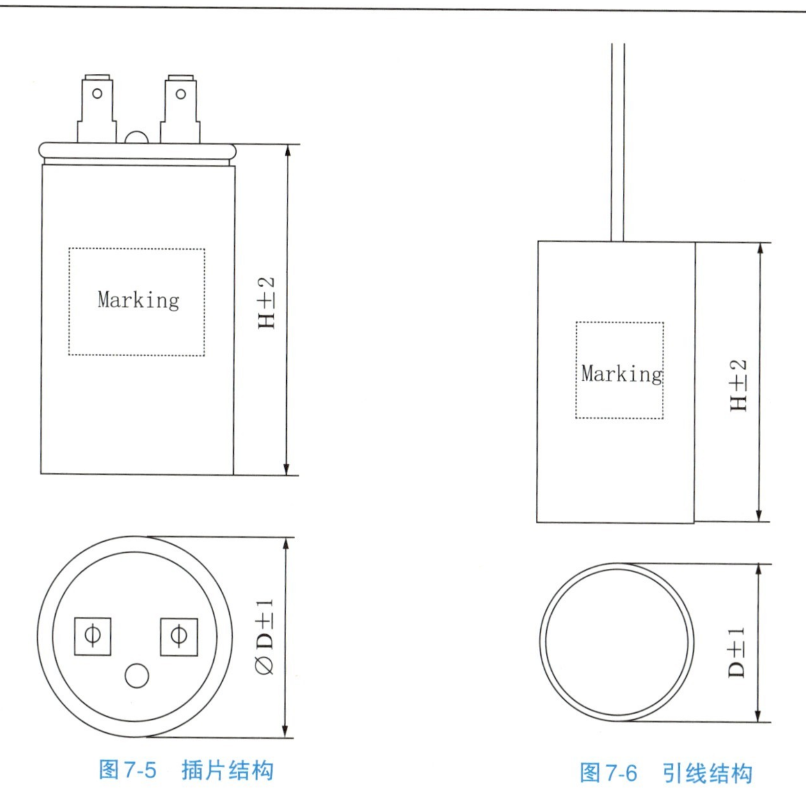

图7-5　插片结构

图7-6　引线结构

CBB60电容器常用规格的外形尺寸,见表7-13。

表7-13　常用规格的外形尺寸

电　压	250 V/300 V		400 V		450 V		500 V	
容量(μF)	D(mm)	H(mm)	D(mm)	H(mm)	D(mm)	H(mm)	D(mm)	H(mm)
1	—	—	—	—	26	40	26	40
2	—	—	—	—	26	40	26	40
3	—	—	—	—	30	50	30	50
4	—	—	—	—	30	50	30	55
5	26	40	30	50	30	55	35	55
6	26	52	30	55	30	55	35	55
8	30	50	30	55	35	55	35	65
10	30	55	35	55	35	65	40	65
12	35	55	35	65	40	65	40	65
15	35	55	35	65	40	65	40	72.5
18	35	55	40	65	45	65	45	75
20	36	65	40	65	45	65	45	75
25	40	65	44	65	45	75	50	75
30	40	65	44	75	50	75	50	85
35	45	65	45	75	50	85	50	95
40	45	65	50	75	50	90	50	105
45	45	75	50	75	50	95	—	—
50	—	—	85	50	105	90	—	—

(2) 电容器芯子设计

① 介质厚度的确定。设计时根据技术要求和使用条件,确定介质的厚度,一般介电强度不小于300 V/μm。常规设计B、C级CBB60电容器介质厚度选取见表7-14。

表7-14 B、C级CBB60电容器介质厚度选取

额定电压(V)	250	250/300	300/350	400	450	400/450	450/500	500
膜厚(μm)	5	6	6	7	7	7	8	8

② 金属化膜宽度的选取。根据外形尺寸,金属化膜宽度的选取见表7-15。

表7-15 金属化膜宽度的选取

序号	CBB60电容器类别	金属化膜宽度(mm)
1	插片结构	20
2	引线结构	15

③ 方阻值。CBB60电容器采用边缘加厚技术,加厚区(宽度为8~12 mm)和非加厚区方阻比例为1:2或1:3,一般情况加厚区方阻值为2~4 Ω/口,非加厚区方阻为6~10 Ω/口,特殊情况根据用户要求进行设定。

(3) 外部保护结构的设计

① 外壳的选择。电容器铝外壳材料为防锈铝LF21,其强度足以保护电容器芯子。也可采用阻燃性塑料,厚度设定在0.5 mm以上,其阻燃性符合UL 94V-0级的要求,塑壳性能要符合表7-16。

表7-16 塑壳材料性能

序号	项 目	内 容
1	塑料材质	为阻燃性塑料,符合UL 94V-0级的要求
2	外观	使用后对电容器性能无影响,外观光洁无毛刺
3	耐油性	与一般使用的润滑油接触,如矿物油、大豆油、菜籽油等不会造成使用上的故障
4	耐药品性	与通常使用的有机溶剂接触,不会造成使用上的故障

② 干式结构。内置阻燃环氧树脂灌注安全可靠,阻燃性符合UL 94V-0的要求。

(4) 灌注料的选用

CBB60型电容器采用的灌注材料为环氧树脂,具有优异的介电绝缘性能、低固化收缩率、成型工艺简单、优良的耐化学腐蚀性能等优点。常规性能如表7-17所示,固化后特征如表7-18所示。

表7-17 环氧树脂常规性能

测试项目	测试方法或条件	A料(环氧树脂)	B料(固化剂)
外 观	目 测	黑色黏稠液体	深棕色液体
密 度	25 ℃g/cm^3	1.58~1.70	1.0~1.15

续表

测试项目	测试方法或条件	A料(环氧树脂)	B料(固化剂)
粘 度	40 ℃mpa.s	1000～5000	20～80
混合黏度	40 ℃mpa.s	550	
保存期限	25 ℃以下密封	6个月	6个月
混合比例	重量比	100	20—22
固化条件	℃/hrs	25 ℃/24 h	

表7-18 环氧树脂固化后的特征

项 目	单位或条件	A料与B料搅拌固化
硬度	Shore-D	＞80
绝缘强度	25 ℃kv/mm	⩾18
弯曲强度	kg/cm^2	⩾82
耐高温	130 ℃	100 h不开裂
阻燃性	UL94	V0或V1
表面电阻	25 ℃/Ω.cm	＞1014
体积电阻	25 ℃/Ω.cm	＞1015
固化收缩率	%	＜0.3

环氧树脂的阻燃性符合客户要求，阻燃等级评定见表7-19所示。

表7-19 环氧树阻燃等级评定

等级 / 评定项目	V-0	V-1	V-2
单个样品的$t1+t2$	⩽10 s	⩽30 s	⩽30 s
所有样品$t1+t2$	⩽50 s	⩽250 s	⩽250 s
单个样品$t1+t2$	⩽30 s	⩽60 s	⩽60 s
是否燃尽	否	否	否
是否点燃棉花	否	否	是

(5) 密封性试验

① 试验要求：将电容器放入恒温箱加热至(95±2)℃，保持2 h，立即取出放入到常温水中浸泡1 h，再取出放在室温下放置20～24 h，重复7个循环。电容器外壳无变形，与封装环氧树脂无分离，容量变化(ΔC)不大于3%，拆解观察膜的氧化层数不大于7层。

② 试验数据：电容器密封性试验前后结果对比数据如表7-20所示。

表7-20 密封性试验前后结果对比数据

电容规格	序号	实验前(1 kHz下)		密封性试验后			
				实验后(1 kHz下)		试验后变化量	
		C(μF)	tan $\delta\times10^{-4}$	C(μF)	tan $\delta\times10^{-4}$	ΔC	Δtan δ
CBB60-450V-25 μF	1	25.092	21	25.137	22	0.18%	1
	2	25.095	21	25.138	22	0.17%	1
	3	25.085	21	25.117	21	0.13%	0

③ 试验结论:外观未见异常,容量变化(ΔC)在3%范围内,膜面无氧化。

(6) 耐温性试验

① 试验要求:将电容器放入恒温箱加热至(120±2)℃,保持100 h。试验后电容器外壳无变形,且与封装环氧树脂无分离。

② 试验数据:耐温性试验前后对比结果如表7-21所示。

表7-21 耐温性试验前后结果对比

电容规格	序号	实验前(1 kHz下)		耐温性试验后			
				实验后(1 kHz下)		试验后变化量	
		C(μF)	tan $\delta\times10^{-4}$	C(μF)	tan $\delta\times10^{-4}$	ΔC	Δtan δ
CBB60-450V-25 μF	4	24.855	20	24.806	21	−0.20%	1
	5	25.216	21	25.215	21	0.00%	0
	6	25.264	20	25.214	19	−0.20%	−1

③ 试验结论:试验后检测外壳无变形,且与环氧树脂无分离,容量变化(ΔC)在3%范围内。

7.3.2 检验标准

CBB60型电容器检验标准分为过程检验和出厂检验.定期开展可靠性试验。

1. 过程检验

(1) 分切工序过程检验

对半成品金属化膜分切成各种宽度的成品金属化膜进行抽样检验。

① 分切工序各参数检查。检查净化间温度和湿度是否符合规定,即温度是否在15~30 ℃范围内,湿度是否大于50%;检查滚筒上是否灵活、有无毛刺;检查分切速度是否符合工艺要求。

② 膜面质量。目测金属化膜面是否清洁,金属层是否光亮,留边处是否清晰,有无模糊的边界。使用卷尺、放大镜和显微镜测量金属化膜表面是否平整,有无纵向硬性皱折和划痕,允许有正常卷绕张力下能清除的活性皱折和不影响膜性能的痕迹和自愈点。

③ 膜卷端面质量。膜卷端面是否平整,有无毛刺,允许在开始卷绕时有半圈以及每个接头处有1圈不大于1 mm的膜层突出。

④ 接头标记。膜卷接头数量应小于等于2个,接头应有明显标记,每个接头间距应不小于500 m。

⑤ 静电消除。膜将膜卷水平悬挂,采用量程为2 m以上的钢卷尺,测量膜带自由下垂1500 mm为正常。

⑥ 膜卷要求。使用游标卡尺检测：当膜宽不大于30 mm时，端面凹凸不大于0.3 mm，膜卷翘边不大于0.3 mm，膜层位移不大于0.3 mm；当膜宽大于30 mm时，端面凹凸不大于0.3 mm，膜卷翘边不大于0.4 mm，膜层位移不大于0.4 mm。目测每卷膜卷上是否贴有表示留边在左或右侧的成对标志，以及加工规格、生产批号标志。

⑦ 尺寸要求。使用游标卡尺检测，要求如表7-22所示。

表7-22　游标卡尺检测要求

<table>
<tr><th colspan="2">膜宽及允许偏差(mm)</th><th>留边宽度及允许偏差(mm)</th><th>圈芯内径(mm)</th><th>膜卷内径(mm)</th></tr>
<tr><td>＜25</td><td>±0.3</td><td rowspan="3">1.5±0.3
2.0±0.3
2.5±0.4
3.0±0.4
3.5±0.4</td><td rowspan="3">$75^{+1.0}_{-0.5}$</td><td rowspan="3">180^{+40}_{-30}</td></tr>
<tr><td>25～50</td><td>±0.4</td></tr>
<tr><td>＞50</td><td>±0.5</td></tr>
</table>

⑧ 镀层方阻。方阻：边缘加厚区为2～5 Ω/口，非加厚区为6～9.5 Ω/口(边缘加厚型锌铝膜加厚区宽4～6 mm，含虚边)。

(2) 卷绕工序过程检验

① 卷绕工序参数检验。检查净化车间的温度和湿度是否满足要求，即温度控制在15～30 ℃范围内，湿度应不大于50%；检查各滚轴是否灵活，滚轴上是否有毛刺，金属滚轴上是否有锈迹等不良现象；检查设备的气压是否在0.45～0.65 MPa之间；检查所使用的卷绕机的张力是否符合专业要求；检查设备参数是否符合工艺要求。

② 外观检查。目测卷绕芯子有无伸头、盆形、S形和膨胀，金属化膜有无烫伤现象；目测卷芯两端有无明显磨损。

③ 容量检验。使用容量测试表检测容量是否符合产品要求。

④ 尺寸。使用游标卡尺测量卷绕芯子的错边量是否满足要求，使用游标卡尺测量卷绕芯子的错边量范围为0.8～1.0 mm，测量方法为使用游标卡尺量得的产品高度减去金属化膜的宽度；检查热封情况，热封后包封是否松散，包封膜有无破损。

(3) 喷金工序过程检验

① 外观。目测产品两端喷金面颗粒是否均匀，有无金属光泽，有无氧化现象；PP胶带是否有烫伤。

② 喷金层厚度。喷金层厚度要求为0.45～0.55 mm，用PP胶带黏上玻璃板或平纸板进行试喷，测量中间部位厚度。

③ 设备参数设置。按照工艺文件要求对每台喷金机的参数进行检验，如枪距、喷金电流、喷嘴气压、链条速度、电弧电压等。

④ 时间节点。按照公司时间节点的要求，对各产品进行检验，检查各产品有无超期现象。

(4) 焊接工序过程检验

① 外观检验。检验方法为目测;焊点表面应光滑平整,无气孔、毛刺、虚焊、漏焊、错焊现象;不得烫伤金属化膜;焊接的盖板、上定位套、引线的连接方法应符合《设计文件》的要求。

② 焊点检验。使用游标卡尺测得焊点直径范围为5~8 mm,高度低于2 mm,焊接时间低于2 s。

③ 焊接强度。使用砝码或铁模块拉焊接好的引线,焊点应能承受78.4 N的拉力且不脱落。

④ 时间节点。按照公司时间节点的要求,对各产品进行检验,检查各产品有无超期现象。

2. 出厂检验

(1) 外观

① 电容器引出端插片有无氧化、锈迹、污物、缺角,有无机械损伤,是否影响插拔。

② 电容器表面有无明显变形、破损、裂纹,外壳和盖板有无锈蚀、污物。

③ 电容器标志是否清晰,内容是否正确无误。

④ 外包装箱标志是否清晰,内容是否正确无误,包装箱是否无污物不破碎。

⑤ 实际包装的电容器与出厂合格证、外码单和外包装箱上标注的规格、数量是否一致。

(2) 电性能

检查厂检室温度、湿度(温度保持在15~30 ℃范围内,湿度不大于65%)。如温度、湿度不达标,则不能进行电性能检验。

(3) 耐电压

① 保证各台耐压测试仪性能完备,同时配备绝缘胶皮以保护检验人员的操作安全。

② CBB60电容器极间耐压测试为2 U_n,安全膜电容器极间耐压测试为1.75 U_n,测试中不允许有发生永久击穿、开路和闪烁。如电容器自愈声明显,应重新测试一次,如果自愈声还未消除,则应判为不合格。

③ 有极壳耐压要求的电容器,测试值为3000 V,测试过程中不发生介质击穿或闪落。

(4) 绝缘电阻测试

① 电容器的绝缘电阻$R \cdot C$不小于3000 MΩ·μF(100 V电压下),测试时间不得超过1 min。测试后要用放电电阻将电容器充分放电,避免短路放电破坏端子镀

层，防止余电伤害检验人员和仪表。

② 对于复合电容器须加测两芯组之间的绝缘电阻值不小于500 MΩ（500 V直流电压下），测试点为两个接近点的引出端。

(5) 电容及损耗角正切测试

① 用数字误差电桥进行测试，对电容量的控制范围为±4.8%（偏差为±5%的电容器）或其他实际要求，超出此范围的电容器应判为不合格。

② 损耗角正切$\tan\delta$不大于0.002（测试频率为100 Hz）。

7.4　CBB60L灯具电容器

CBB60L灯具电容器具有耐高温、阻燃性能强等特点，主要适用于荧光灯、高压汞灯、钠灯、金属卤素灯等以频率为50 Hz/60 Hz的交流电源供电的照明灯具中的变压器，电子镇流器的功率因数补偿，使灯具的功率因数$\cos\varphi$不小于0.9。电容器等效电路如图7-7所示。

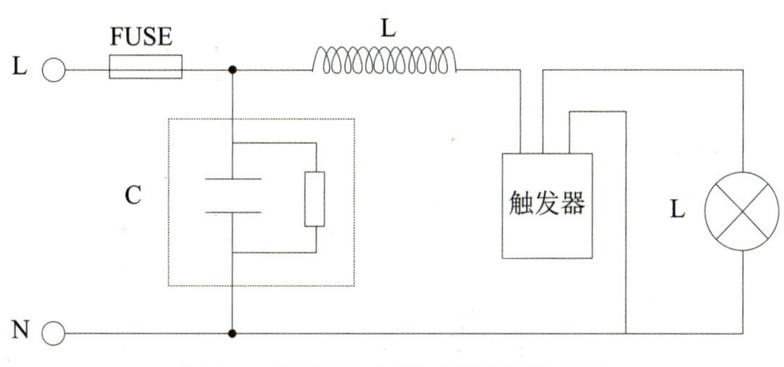

图7-7　CBB60L型电容器等效电路图

7.4.1　CBB60L灯具电容器的设计

1. 技术要求

额定电压U_n：50～600 V（交流电压）。

容量范围C：2～50 μF。

电容量偏差ΔC：±5%，±10%。

额定频率F：50 Hz/60 Hz。

损耗角正切值：$\tan\delta\leqslant 0.0020$（在1 kHz频率下）。

绝缘电阻R：不小于3000 MΩ。

端子间交流电压U:2.0 U_n。

端子与外壳间交流电压U:(2.0 U_n+1000)V。

安全防护等级:S0、S2。

放电性能:$\sqrt{2}$ U_n下断开60 s剩余电压值小于50 V。

2. 使用条件

海拔:安装运行地区海拔不超过3000 m的电灯线路。

运行温度:电容器运行的温度范围为40~85 ℃。

湿热严酷度:电容器的湿热严酷度为21天。

最高允许电压:适应用于在引出端间电压有效值不超过1.1倍额定电压的异常条件下长期运行。

最大允许电流:适应用于在电流有效值不超过1.3倍额定正弦波电压和额定频率产生的电流条件下运行。

3. 主要设计过程

(1) 结构设计。该系列产品采用阻燃塑壳或金属外壳,环氧树脂密封。产品结构外形如图7-8和图7-9所示。

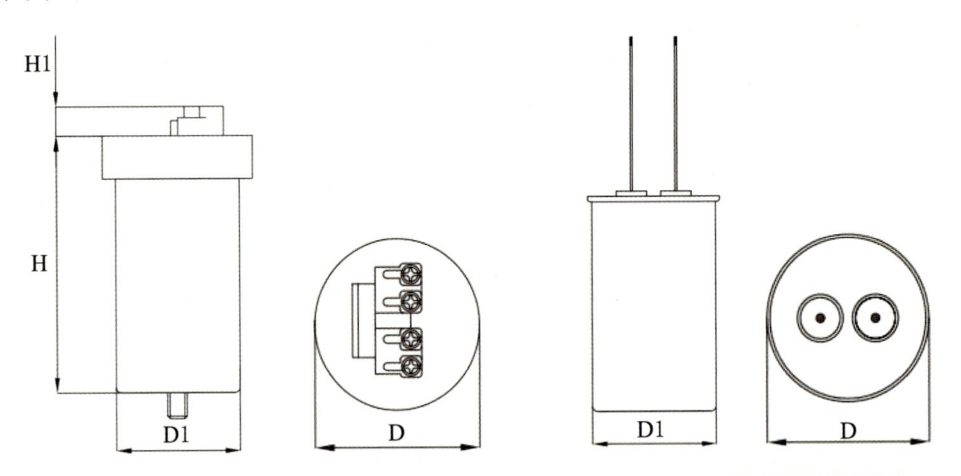

图7-8 CBB60L型电容器外形结构1　　图7-9 CBB60L型电容器外形结构2

(2) 电容器外形尺寸和规格如表7-23和表7-24所示。

表7-23 外形结构1的尺寸和规格

U_n(V)	C_n(μF)	D±2.0(mm)	D1±2.0(mm)	H±2.0(mm)	H1±2.0(mm)
250	2	25	25	58	12
	5	25	25	58	12
	10	30	29	68	12
	12	30	29	73	12
	14	30	29	98	12

续表

U_n(V)	C_n(μF)	D±2.0(mm)	D1±2.0(mm)	H±2.0(mm)	H1±2.0(mm)
	20	35	34	98	12
	28	40	38	95	12
	36	45	44	66	12
	40	45	44	95	12
	50	45	44	125	12

表7-24　外形结构2的尺寸和规格

U_n(V)	C_n(μF)	D±2.0(mm)	D1±2.0(mm)	H±2.0(mm)	H1±10(mm)
250	2	33	30	57	250
	5	33	30	57	250
	12	43	40	70	250
	18	48	45	75	250
	20	43	40	90	250
	25	48	45	90	250
	30	48	45	100	250
	32	48	45	100	250
	35	53	50	95	250
	40	53	50	100	250
	50	53	50	120	250

(2) 电容器芯子设计

① 介质使用5 μm金属化聚丙烯薄膜,金属化膜宽度的选取见表7-25所示。

表7-25　金属化膜宽度选取

序号	CBBL60电容器类别	金属化膜宽度(mm)
1	外形结构1	15
2	外形结构2	20

② 方阻值的选取。CBB60L电容器采用边缘加厚技术,加厚区(宽度为10±2 mm)和非加厚区方阻比例为1∶2或1∶3,一般情况加厚区方阻值为2～4 Ω/口,非加厚区方阻为6～10 Ω/口,特殊情况可根据用户要求进行设定。

(3) 外部保护结构的设计

① 外壳的选择。电容器可选择铝外壳,材料为防锈铝LF21,其强度足以保护电容器芯子。电容器外壳也可采用阻燃塑料,材料厚度在0.5 mm以上,其阻燃性符合UL-94V-0级的要求,塑壳性能符合表7-26所示。

表7-26 塑壳性能

序号	项 目	内 容
1	塑料材质	为阻燃性塑料,符合UL 94V-0级的要求
2	外观	使用后对电容器性能无影响,外观光洁无毛刺
3	耐油性	与一般使用的润滑油如矿物油、大豆油、菜籽油等接触,不会造成使用故障
4	耐药品性	与通常使用的有机溶剂接触,不会造成使用上的故障

② 干式结构。内置阻燃环氧树脂灌注安全可靠,阻燃性符合UL 94V-0级的要求。

7.4.2 CBB60L灯具电容器的制造工艺

1. 工艺流程

CBB60L灯具电容器的工艺流程为:

分切→卷绕→喷金→聚合→表面处理→赋能半测→焊接→组装→真空干燥→灌注→成品测试→标识→包装→检验入库。

2. 关键工艺

(1) 分切

分切过程中,必须根据膜卷的卷绕松紧程度以及外观状况,随时调整设备张力或分切速度,并按规定的要求将膜卷收卷成盘,金属化膜的邵氏硬度指标为94~98。分切过程中,如有膜屑产生,应及时更换分切刀片。同时保证分切时盘径在合格范围之内。

(2) 卷绕

环境条件:卷绕设备应放在恒温净化厂房中,动态净化度在10000级以上,温度应控制在(20±5)℃范围内,环境相对湿度低于65%。

错边量:当容量不大于40 μF,错边量为1.0~1.2 mm;当容量大于40 μF,错边量为1.2~1.5 mm。

张力恒定:张力为工艺稳定的关键因素之一,如果张力不稳定,易导致膜层间形成空气间隙,导致局部放电或被击穿。张力大小计算根据膜厚、膜宽。计算公式为:

$$张力=膜厚\times膜宽\times1.5$$

例如,膜厚为7 μm,卷绕张力为

$$7\times100\times1.5=1.05\ (\mathrm{N})$$

产品的卷绕端面平齐和卷绕张力一致,保证产品容量的一致性及内在质量。

(3) 喷金

喷枪距离的选择:较小的喷金距离能够增强喷金材料与芯子端面金属化膜的牢

固度，但喷金距离过小，易烫伤金属化膜。过大的喷金距离会导致喷金层结合牢固度不够和喷金材料的大量损失。一般第一枪枪距大于第二枪枪距。

喷金厚度的控制：CBB60L灯具电容器喷金单面厚度应满足一般控制在0.4～0.55 mm，喷金厚度过小，不利于引线焊接；喷金厚度过大，则材料成本提高。喷金厚度一致，喷金颗粒均匀，附着力强，接触电阻小，损耗角正切值低。

(4) 焊接

每个焊点的焊接时间少于5 s。焊点表面光滑平整，无气孔，不应有漏焊和漏锡现象。将产品上多余的焊锡清除干净。

(5) 灌注

严格遵守配方比例和执行工艺规定条件配料、灌注。根据生产用量配制灌注料，配好的灌注料应及时用完。

(6) 成品测试

设定极间耐压为2 U_n的交流电压，测试时间至少为2 s，设定测试电流上下限为2A(理论值)，具体公式为

$$I=4\pi fC\,U_n$$

即

$$电流=628\times容量值\times额定电压值/1000000$$

其中，I的单位为A；f的单位为Hz；C的单位为μF；U_n的单位为V。设定极壳电压为2000 V(漏电流设定为0.5 mA)的交流电压，测试时间至少为2 s。设定电桥测试频率为100 Hz，按《产品工艺卡》设定额定电容量，设定电容量偏差为±4.8%。设定损耗角正切值为tan δ不大于0.0008。

习　　题

(1) CBB交流电容器与传统电容器的主要区别是什么？典型应用领域有哪些？

(2) 简述CBB65系列电容器的工艺流程及主要的技术参数。

(3) 简要说明CBB60型系列电容器的关键工艺。

(4) 画出CBB60L电容器的等效电路图。该类电容器典型应用领域有哪些？

第8章　电磁炉电容器

近年来,电磁炉已成为中国市场上增长速度最快的小家电之一,目前家庭使用率已达到80%,薄膜电容器作为电磁炉的重要元器件,每台电磁炉电路中至少会用到三种薄膜电容器,主要用于电磁炉的谐振电路、平滑滤波电路和并联跨线回路中。

8.1　电磁炉电容器的基本工作原理

电磁炉利用电磁感应原理将电能转换成热能,典型电路如图8-1所示。当线圈中通过高频电流时,线圈周围产生高频交变磁场,在高频交变磁场的作用下,铁质锅底产生强大的涡流,锅底迅速释放出大量的热量,达到加热的效果。

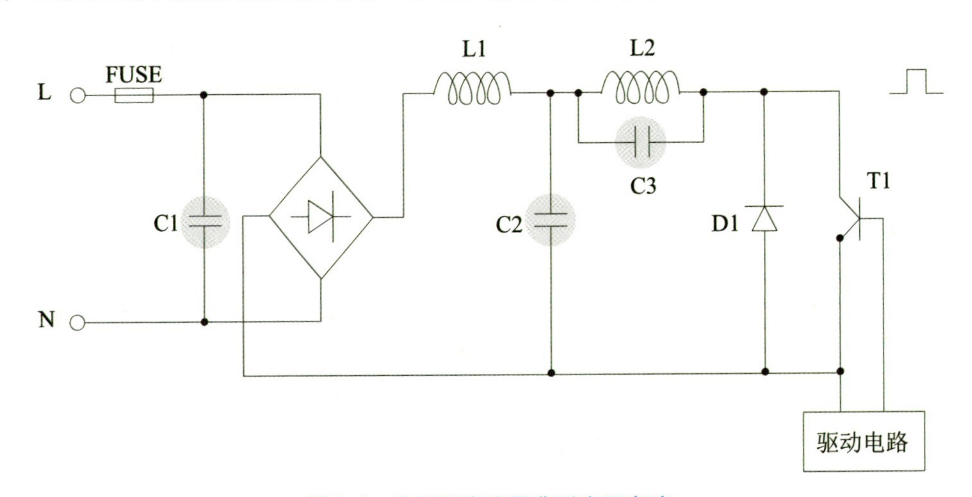

图8-1　电磁炉电容器典型应用电路

8.1.1　分类及特点

电磁炉电容器中主要有三种电容器,图8-1中C1、C2、C3分别为MKP抗干扰电容器、MKP滤波电容器、MKP谐振电容器。在电磁炉电路中的作用和特点如下:

(1) MKP抗干扰电容器。该电容的作用是防止电磁炉工作时产生的高频干扰串入电网,影响其他电器;同时也防止电网的干扰脉冲串入电磁炉电路。该电容一般为2 μF,是跨接在交流电220 V之间,最大耐压275 V。

(2) MKP滤波电容器。该电容的作用是把整流后的脉动直流电压变成平滑的直流电压。它是直接接在全桥整流之后,一般5 μF左右,其容量与电磁炉的功率有关。一般该电容选用MKP X2电容,规格为275 V、400 V。

(3) MKP谐振电容器。它的作用是与并联的加热线圈谐振产生高频的交变电流,通常为0.2~0.5 μF,最大耐压值一般在800~1500 V范围内。

8.1.2　基本工作原理

电磁炉电容器利用电容效应来存储和释放电荷,在电磁炉中起到改善设备性能、提高电能利用率的作用。当电磁炉中的电容器连接到电磁炉电路中时,它会根据电压的大小和方向储存电荷,电磁炉的电流波形是非正弦的,电磁炉电容器通过与并联的加热电感线圈配合,将其储存的电场能量与电感的磁场能量实现交互,形成高频谐振。电磁炉通过电感线圈与电容产生的交变磁场来工作,当用含金属锅具的底部放置在炉面上时,锅具切割交变磁力线而在锅具底部金属中产生涡流,涡流使锅具金属原子高速无规则地运动,互相碰撞和摩擦从而产生热能,使器具本身自行快速发热,从而达到煮熟食物的目的。

MKP抗干扰电容器采用耐温型聚丙烯薄膜介质,加厚型金属化电极,全自动化生产,具有一致性好、稳定性高的特点,主要用于电磁炉等感应加热装置的并联跨线回路。

MKP滤波电容器采用耐温型聚丙烯薄膜介质,无感结构,阻燃塑料外壳封装。具有稳定性好、损耗小、频率特性好的特点,主要用于电磁炉等感应加热装置的平滑滤波电路中,起直流支撑作用。

MKP谐振电容器采用耐温型聚丙烯薄膜介质,内串式双面加厚型金属化电极,无感结构,阻燃塑料外壳封装。具有频率特性好、耐高温高压、绝缘电阻高、过电流能力强的特点,主要用于电磁炉等感应加热装置的高频振荡回路中。

8.1.3　主要技术参数的设计

根据电磁炉的功率、电压等级和频率等因素,确定电磁炉电容器的电容值、电压等级、类型和电容器外壳的保护等要素。电磁炉电容器主要的设计步骤和方法如下:

1. 电容值

电磁炉电容器的电容值是根据电磁炉的功率、电压等级和频率等计算出来的。电容值的计算公式如下:

$$C = P/(2\pi f U^2)$$

式中,C是电容器的电容值,单位是F;P是电磁炉的功率,单位是W;f是电磁炉的工作频率,单位是Hz;U是电磁炉的额定电压,单位是V。如果一个电磁炉的功率是2000 W,额定电压是220 V,工作频率是50 Hz,那么电容值计算如下:

$$C = 2000/(2\pi \times 50 \times 220^2) \approx 3.04 \times 10^{-6}$$

因此,电磁炉电容器的电容值应设置为3.04 μF左右。

2. 电压等级

电磁炉电容器的电压等级应该大于电磁炉的额定电压,以防止电容器被过电压损坏。一般来说,电磁炉电容器的电压等级应该设置在220 V或以上。

3. 电容器类型

根据电磁炉使用的环境和用户需求,可以选择串联电容器或并联电容器。串联电容器的作用是在电路中产生一个负载阻抗,阻止电磁炉产生谐波。电磁炉在工作时,会产生一定的谐波,这些谐波会对电网和其他设备造成干扰。所以,通过串联电容器可以减少谐波产生,可以让电磁炉更加稳定和可靠。并联电容器的作用是改善功率因数,降低无功功率。在电磁炉的电路中,电容器并联连接到电源之后,可以吸收来自电源的无功功率,从而改善功率因数,减少无功功率的损耗,提高电磁炉效率,降低能耗。

4. 电容器介质

常用的电磁炉电容器有两种,分别为金属化聚丙烯膜电容器和聚丙烯膜电容器。金属化聚丙烯膜电容器是一种具有长寿命、高可靠性、低损耗和耐高温等特点的电容器,适合于高频电路;而聚丙烯膜电容器是一种低成本、高容量的电容器,适合于低频电路。

5. 电容器的外壳保护

电容器外壳是电磁炉电容器的重要组成部分,用于保护电容器免受损坏和灰尘等污染。电容器外壳应该采用具有良好绝缘性、耐高温、防腐和耐磨损等特点的材料,如塑料和金属等。

6. 检验和调试

在完成电磁炉电容器的设计和制造后,需要进行检验和调试,以确保其质量和性能符合设计要求。检验和调试的内容包括电容值、电压等级、电容器外壳的保护、电容器的绝缘性能和功率因数等。

8.2　MKP型电磁炉电容器的制造工艺

MKP型电磁炉电容器的生产工艺与其他电容器基本相同，但关键工艺的要求有所不同。

1. 工艺流程

MKP型电磁炉电容器的工艺流程为：

卷绕→热压→喷金→赋能半测→焊接→真空干燥→灌注→成测→标识→包装→检验入库

2. 关键工艺

(1) 卷绕工艺。卷绕是电容器生产的关键工序，对产品性能、合格率有着至关重要的影响，特别是芯子卷绕张力和该产品采用的内串膜的容量对称性对产品的耐压性能有直接影响。该工序严格按照工艺参数进行组织生产，对关键性控制参数进行严格管理。特别是相比其他系列电容器，薄膜电容器更宽，体积也更大，卷芯可适当放大点，避免由于卷芯过小，导致芯子过紧，影响压扁工序。

(2) 热压工艺。热压直接影响着电容器热定型效果，压扁垫板表面应无凹凸不平、无毛刺，以免芯子受压不均匀导致损伤。热压时间和温度根据芯子厚度决定。

(3) 喷金工艺。喷金材料一般使用锌加锌锡组合层或锌铝加锌锡组合层，喷金时应注意喷金颗粒大小要统一、芯子端面喷金层需完全、喷金前芯子端面保证无灰尘，否则会引起接触电阻损耗增大，降低产品寿命。

(4) 赋能半测。通过赋能清除MKP型电容器芯子内部的杂质，并对芯子进行测试，避免电容器在使用中发生自愈，提高产品的使用稳定性和可靠性。

(5) 灌注工艺。灌注剂使用环氧树脂封装，严格遵守配方比例和执行工艺规定条件配料、灌注和烘干。环氧固化后表面光滑，不应有起泡、裂纹。

3. 主要技术参数

(1) 容量范围：0.1～10 μF。

(2) 额定电压：200～800 V。

(3) 容量偏差：±5%。

(4) 损耗角正切值:tan δ小于0.0010(频率为1 kHz)。

(5) 绝缘电阻:R不小于3000 MΩ(测试直流电压250 V条件下)。

8.3 MKP型电磁炉电容器的检验标准

MKP型电磁炉电容器的检验依据GB/T 3984和GB/T 14472国家标准,具体如下:

(1) 外观检查:无污迹、变形、破损、裂痕。

(2) 产品外形尺寸:符合标准或图纸。

(3) 产品标志:图文清晰,内容完整无误。

(4) 外包装标识:图文清晰,内容完整无误。

(5) 端子间耐电压试验:每个电容器应承受2 U_n;试验期间应不发生永久性击穿和闪烁,允许有自愈性击穿。

(6) 电容量允许偏差:±5%。

(7) 损耗角正切值:tan δ小于0.0010(频率为1 kHz)。

(8) 绝缘电阻:测试电压设定为250 V,绝缘电阻不小于3000 MΩ。

习 题

(1) 电磁炉中的电容器主要有哪三类?分别在电路中的作用是什么?

(2) 简述电磁炉电容器的工作原理。

(3) 电磁炉电容器的电容值是如何确定的?

(4) 试述MKP型电磁炉电容器的生产工艺流程及关键工艺要求。

第9章　超级电容器

随着科学技术的发展以及生活水平的提高，人们对能源存储的要求越来越高，超级电容器(Supercapacitor)具有寿命长、功率密度高等特点，近年来已被广泛应用到电动汽车、通信、电子设备等领域。

9.1　超级电容器的发展历程

自从1879年德国赫姆赫兹(Helmholz)发现了电化学界面的双电层电容特性以来，技术工作者就尝试在界面处使用双电层结构来存储固体化合物和电解质之间的电能。在19世纪50年代，贝克尔(Becker)提出将微型电容器用来作为能量存储的装置，并申请了第一个由高比表面积活性炭作电极材料的电化学电容器方面专利。但是，该装置需与双层电荷存储装置耦合，并且必须将其浸入电解质池中才能应用。

在1962年标准石油公司(SOHIO)生产了一种以硫酸水溶液为电解质，活性炭(AC)为电极材料，电压窗口可达到6 V的超级电容器，并于1969年将这种碳材料电化学电容器实现了大规模商业化应用。到90年代末，大容量高功率型超级电容器由于材料与工艺技术的不断突破，产品质量和性能不断得到提升，从而进入全面产业化发展时期。该产品不断得到市场的关注，因此，在市场的拓展中增长幅度也十分的迅猛。目前许多电子公司(包括Maxwell、Tecate Group和Murata)都拥有自己的超级电容器。在电动汽车(EV/HEV)、军事工业、轻轨捷运、航空航天、电动自行车、后续储备电源及通信设备等领域的电源，由于超级电容器具有高脉冲电能做功较快特性、较长应用寿命及能够在极高温与低温环境中进行持续操作的优势，使其在运输、工业与消费电子以及其他应用产品中得到广泛的市场认可，并成为蓄能与电力传输的首选解决方案，具有广阔的市场前景。

近年来，随着世界不可再生能源过度消耗以及对全球生态系统维护的要求越来越高，对电力发动汽车和油电混合汽车的依赖也越来越强，高功率密度的超级电容器被用在与二次电池连接，作为电力动车的辅助电源。电力汽车的启动、减速或停车和向高处攀爬时对高功率性能的依赖可以通过使用超级电容器来进行提供，用来平衡二次电池的载荷，延长它的使用寿命。同时，为进一步让超级电容器得到更大的应用，独立式超级电容器的研究已经处于最后试验阶段。佛罗里达大学的研究人员成功创建了一款超级电容器原型。该原型机充电速度非常快，在完成30000次充电试验后，仍可以像新电池一样工作，并且与锂离子电池相比，占很小的空间。由此可见，超级电容器兼有电池的高能量密度以及双电层电容的高功率密度和长循环寿命等特点，因此，随着社会对新型储能设备要求不断提高，相关的超级电容器的研究和应用也明显增加。通过研发技术的不断发展，超级电容器的研究会不断地深入，研究范围也会不断拓宽。

超级电容器作为本世纪重点发展的新型储能产品之一，正在为越来越多的国家和企业竞相研制和生产，其进步迅速有目共睹。目前美国公司Maxwell公司在高性价比超级电容器储能和输电解决方案的开发和制造领域居全球领先地位。俄罗斯的ELIT公司、法国的SOFT公司和韩国Ness公司、日本的Nippon公司、NEC公司也投入巨额资金对大容量超级电容器进行规模化生产的研制，俄罗斯的ESMA公司是生产无机混合型超级电容器的代表。

中国一些企业也开始积极涉足这一领域，并已经具备了一定的技术实力和产业化能力，重要的企业有锦州凯美公司、北京金正平公司、上海奥威公司、哈尔滨巨容公司、北京集星公司、大庆振富公司、南京集华公司、宁波中车新能源公司等。国内厂商与国外厂商虽仍有差距，但正在逐步缩小。宁波中车新能源科技有限公司依赖强大的资金和技术，近年来研制出适用于有轨和无轨电车的石墨烯基超级电容器，单体容量达到万法拉级，处于世界领先水平。

近年来，我国发布一系列的支持政策，鼓励和规范超级电容器的发展，行业总体创新投入进一步提升，射频滤波器、高速连接器、片式多层陶瓷电容器、光通信器件等重点产品专利布局日益完善。超级电容器在可再生能源存储、智能电网和微电网、备用电源、快速充电器、医疗设备、航空航天、工业机器人等领域具有广阔的应用前景，能够有效提高能源的利用效率和电网系统的稳定性。随着技术的不断进步和新应用场景的出现，超级电容器市场有望迎来持续的发展和增长。

9.2 超级电容器的基本工作原理

超级电容器是一种电化学储能装置，其主要通过电极与电解质之间的离子和电荷交换来实现电能和化学能之间的相互转换。

9.2.1　结构组成

超级电容器主要靠两个电极储能,且工作温度范围广,同时安全环保。图9-1是超级电容器的结构示意图。

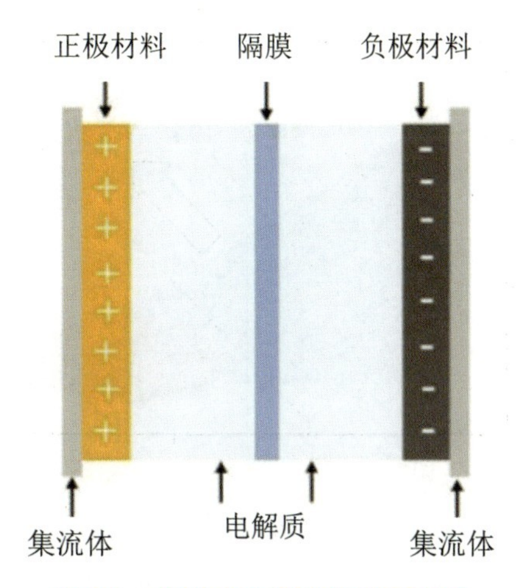

图9-1　超级电容器的结构示意图

超级电容器是由集流体、电极材料(正极材料和负极材料)、隔膜和电解质等组成。其中,集流体主要承担着超级电容器与外界之间电荷传输的任务;电极材料主要扮演着电荷存储以及与电解质进行电荷交换的角色;隔膜主要作用是隔开正负电极,防止短路;电解质在超级电容器储能过程中主要负责传输和提供离子。在充电阶段,电解质中的阳离子和阴离子分别会向负极和正极移动,并被吸附在电极材料的表面;在放电阶段,这些被吸附的离子会从电极材料表面脱附。

9.2.2　基本工作原理

超级电容器这种绿色储能装置具有快速充放电的特点,因此,具有高功率密度和短充放电时间的超级电容器常被用作旁路能量存储系统。

当电压加载到超级电容器的两个极板时,超级电容器由于电场效应而发生物理性质的改变。在超级电容器的正极板和负极板之间的电场力下,电荷将重新呈现常规分布布局,这种布局将在两个电极的接触表面形成极性相反的电荷,撤消电场后,会在电容内形成稳定的双电层形式。

超级电容器的容量大小主要与生产材料和工艺有关,因此超级电容器的电容量是不可变的。超级电容器的另一个重要参数是其内阻,内阻直接影响超级电容器的充放电时间和充放电效率。在超级电容器的恒流充电测试中,当充电结束变为放电时,超级电容器的电压会在恒定时刻突然下降,电容器从电流充电状态转为放电状态。

就能量密度和功率密度而言,超级电容器填补了传统电容器和电池之间的空白。它的能量密度远高于电介质电容器,但相比电池仍然有不小的差距,如图9-2所示。因此,提高超级电容器的能量密度一直以来都是研究的热点。

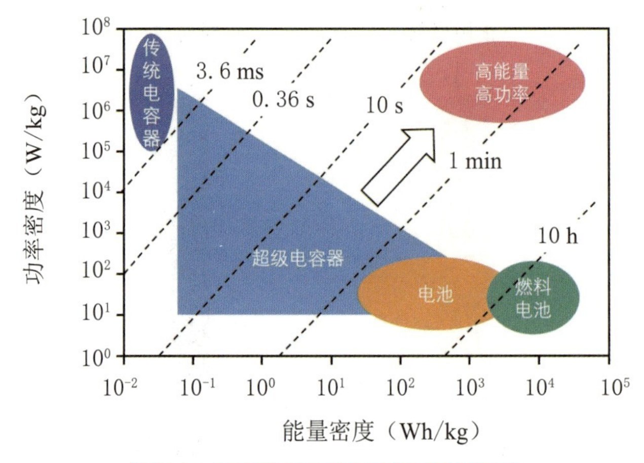

图9-2 不同储能装置的能量密度对比

9.2.3 超级电容器的分类

根据储能原理的不同,超级电容器可分为三种类型:双电层电容器、赝电容器和非对称超级电容器。

1. 双电层电容器

双电层电容器储存能量的途径,主要依靠电极和电解质之间形成的界面双层。所谓界面双层,是指在双电层电容器中电极与电解液相互接触,在库仑力、分子及原子间作用力的相互影响下,固液界面上出现稳定的、极性相反的双层电荷。

(1) 充电过程:在两电极上施加电场,在电场的作用下,电解液中的阴阳离子分别向正负两极移动,从而形成双电层;当撤去电场后,由于同种电荷相互排斥和异种电荷相互吸引的性质,实现双电层的稳定,从而产生稳定的电势差。

(2) 放电过程:将电极与外电路连通,在电势差的作用下,电子发生定向移动从而形成外电流。此时吸附在电极表面上的阴阳离子回到电解液本体中,从而双电层解体。

2. 赝电容器

赝电容器主要是指在电极材料表面或体相的二维或准二维空间上,电活性物质进行欠电位沉积,发生高度可逆的化学吸附/脱附或氧化/还原反应,产生与电极充电电位有关的电容。

(1) 充电过程:将电极与外电路连通,在外电场的作用下,电极或溶液表面聚集大量的阴阳离子,通过氧化还原反应,这些离子进入到电极表面活性氧化物的体相中,从而实现电荷的储存。

(2) 放电过程:进入氧化物中的离子通过以上氧化还原反应的逆反应重新返回到电解液中,同时将所存储的电荷通过外电路释放出来。

3. 非对称超级电容器

非对称超级电容器指两个电极材料不同的超级电容器。一般来说,正极是赝电容电极材料,负极是双电层材料。两电极的差异会让电容器表现出很宽的电压窗口,从而拥有较高的能量密度。双电层材料的理论容量较低,Bi_2O_3、Fe_2O_3等高容量赝电容型负极材料也是目前超级电容器领域的研究热点。

9.3 超级电容器的主要技术参数

超级电容器是指介于传统电容器和充电电池之间的一种新型储能装置,其既具有电容器快速充放电的特点,同时又具有电池的储能特点。

9.3.1 主要技术指标

(1) 额定电压。额定电压指电容器在额定温度范围内所允许的连续工作电压,即电容器在工作状态下最安全的端电压。还有浪涌电压,通常为额定电压的105%;击穿电压,其值远高于额定电压,约为额定电压的1.5~3倍,单位为V。

(2) 额定容量。额定容量指规定的恒定电流充电到额定电压后,保持2~3 min,在规定的恒电流放电条件下放电到端电压为零所需要的时间与电流的乘积再除以额定电压值,单位为F,即

$$C=\frac{It}{U}$$

其中,I为设定的恒定充电电流(A),U为额定电压值(V),t为规定的恒电流放电条件下放电到端电压为零所需要的时间(s)。

(3) 额定电流。额定电流指电容器的电压充至额定电压后,充电电压保持30 s~1 min后,在5 s内将电容器的端电压放电到额定电压一半的电流,单位为A。

(4) 最大存储能量。最大存储能量指在额定电压下放电到零所释放的能量,单位

为J或W·h。

(5) 能量密度。能量密度也称比能量，指单位重量或单位体积的电容器所给出的能量，单位为W·h/kg或W·h/L。

(6) 功率密度。功率密度也称比功率，指单位重量或单位体积的超级电容器在匹配的负载下产生电/热效应各半时的放电功率。其表征超级电容器所能承受电流的能力，单位为kW/kg或kW/L。

(7) 等效串联电阻(ESR)。等效串联电阻值与超级电容器电解液和电极材料、制备工艺等因素有关。通常交流ESR比直流ESR小，且随温度上升而减小，单位为Ω。

(8) 漏电流。超级电容器保持静态储能状态时，内部等效并联阻抗导致的静态损耗，通常为加额定电压72 h后测得的电流，单位A。

(9) 使用寿命。电容器使用寿命是指超级电容器的电容量低于额定容量的20%或ESR增大到额定值的1.5倍时的时间。

(10) 循环寿命。超级电容器经历1次充电和放电，称为1次循环或叫1个周期。超级电容器的循环寿命很长，可达10万次以上。

9.3.2 超级电容器的特性

超级电容器是介于传统物理电容器和电池之间的一种较佳的储能元件，主要的特性体现在以下几个方面：

1. 主要优点

超级电容器是介于传统电容器和蓄电池之间的一种新型储能装置，其具有功率密度高、容量大、使用寿命长、免维护、经济环保等优点。

(1) 功率密度高。超级电容器的内阻很小，且在电极、溶液界面和电极材料本体内均能实现电荷的快速储存和释放，因而输出功率密度高，是一般蓄电池的十几倍。

(2) 容量大。由于超级电容器采用活性炭粉或活性炭纤维作为可极化电极，与电解液接触的面积大大增加，同时两极间的距离缩小到微米级，而两极板的表面积越大、间距越小，则电容量越大，导致电容的容量范围骤然跃升3~4个数量级。目前有机系超级电容器单体的容量可达5000 F。

(3) 充放电循环寿命长。超级电容器在充放电过程中没有发生电化学反应，其循环寿命可达到10万次以上，充放电寿命可达500000次或90000 h。而蓄电池的充放电循环寿命只有数百次，只有超级电容器的十几分之一。

(4) 功率放电特性高。可以提供很高的放电电流(2700 F的超级电容器额定放电电流不低于950 A,放电峰值电流可达1680 A),一般蓄电池通常不能达到其等同的放电电流。

(5) 充电时间短。超级电容器最短在十几秒内完成充电过程,其最长充电不过十几分钟。而蓄电池则需要8~12 h才能充电完毕。

(6) 温度特性好。超级电容器可以在很宽的温度范围内(−40~70 ℃)正常工作,而蓄电池很难在极端环境下特别是超低温环境下工作。

(7) 绿色环保。超级电容器的材料是安全无毒的,而铅酸蓄电池、镍铬蓄电池均具有毒性。超级电容器可以任意并联使用,增加电容量,同时若采取均压后,还可以串联使用,提高电压等级。

(8) 全寿命免维护。有机系超级电容器采用全密封结构,没有水分等液体挥发,在使用过程中不需要维护。

2. 与传统电容器的差别

电容器通过将正负电荷分隔开来进行能量存储,储存电荷的面积越大,分隔的距离越小,电容量越大。传统电容是从平板状导电材料得到其储存电荷面积的,只有将一根很长的材料缠绕起来才能获得大的面积,从而获得大的电容量。另外传统电容是用塑料薄膜、纸张或陶瓷等将电荷板隔开的,这类绝缘材料的厚度也是阻碍传统电容容量增大的主要因素。

超级电容器是从多孔碳基电极材料得到其储存电荷面积的。这种材料的多孔结构使其每克重量的表面积可达2000 m^2,而超级电容器中电荷分隔的距离是由电解质中的离子大小决定,其值小于10 Å。巨大的表面积加上电荷间微小的距离,使得超级电容器的电容量剧增。一个有机系超级电容器单体的电容值,可以从一法拉至几千法拉。总之,与传统电容相比,超级电容器容量远远大于传统的电容。

3. 相比蓄电池的优势

(1) 与同样大小的蓄电池相比,超级电容器所能储存的能量小于蓄电池,但其功率性能却大大优于蓄电池。因为超级电容器可以高速率放电,且尖峰电流仅受内阻和超级电容器大小限制,所以在储能装置的尺寸大小由功率决定时,采用超级电容器是较优方案。

(2) 超级电容器在其额定电压范围内可以充电至任意电压值,放电时可以放出所储存的全部电量,而蓄电池只能在很窄的电压范围内工作,而且过放电会造成蓄电池性能损坏。

(3) 超级电容器可以安全、频繁的释放能量脉冲,但蓄电池频繁地释放能量脉冲则会大大降低其使用寿命。

(4) 超级电容器有极快速充电特性,而快速充电则会加快蓄电池损坏。

(5) 超级电容器充放电循环寿命可达几十万次,而蓄电池一般为数百次。

4. 超级电容器主要特点

超级电容器在分离出的电荷中存储能量,用于存储电荷的面积越大、分离出的电荷越密集,其电容量越大。

超级电容器的面积是基于多孔炭材料,该材料的多孔结构允许其面积达到2000 m^2/g,通过一些措施可实现更大的表面积。超级电容器电荷分离开的距离是由被吸引到带电电极的电解质离子尺寸决定的。该距离和传统电容器薄膜材料所能实现的距离更小。这种庞大的表面积再加上非常小的电荷分离距离,使得超级电容器较传统电容器而言,有更大的静电容量。

9.4 超级电容器的典型应用

9.4.1 超级电容器应用领域

超级电容器作为新型的储能设备,具有比传统电池更加优质的性能和特点,因此也被广泛应用于各个领域之中。

1. 汽车领域

在汽车领域中,超级电容器的应用让频繁启停的电动汽车拥有强力的支持,特别是在一些插电式混合动力汽车中,超级电容器利用自己快速充放电的特点,让汽车的爬坡和加速更加流畅安全。另外,在公共汽车方面,超级电容器也提供了动力源转换时的功率支持。

2. 机械设备

超级电容器在一些机械设备上也得到应用,特别是一些小型机械设备,像照相机、电脑内存系统、音频设备等都可以见到超级电容器的身影,作为这些设备的用电辅助设备,超级电容器很好地发挥着作用。

3. 电动工具

超级电容器具有低阻抗的特点,因此对于一些需要快速充放电的高功率电动工具,超级电容器是最优选择。日常使用的一些电动工具,还有电动玩具都会使用超级电容器作为储能设备。

4. 备用电源

超级电容器一大特点就是可以提供瞬时功率输出，这使得其能够作为不间断系统设备的备用电源。

5. 风力发电

风力发电中需要电池或者液压系统，特别是电池的工作不仅强度大，而且负荷高，所以使用起来成本很高，这时使用超级电容器能够很好实现快速充放电，不仅可以代替电池工作，还具有循环寿命长的优点，同时降低投入成本，便于后续的维修和养护，可以说是一举多得。

9.4.2　发展趋势及面临挑战

目前，超级电容器的技术和应用正在快速发展，在以下方面取得了重大进展：

① 材料的研究和开发；

② 集成和最优化；

③ 机器学习和人工智能技术的引入；

④ 工业化生产。

超级电容器在发展和应用过程中仍面临着一些挑战，主要包括低能量密度和能量损失、生产成本比较高、长周期的界面稳定性相对较差等特点。针对这些问题，当前的解决方案主要包涵开发更高效的电极材料、改进生产流程、优化电容器的内部结构等。

9.4.3　超级电容器的未来展望

超级电容器由于其具备优异的综合性能，未来在产品技术和应用环境上拥有很大的发展空间。

电极材料的研究与制备方法虽然已经日趋成熟，但电容器在性能和工艺简化方面仍有待提高。对于镍钴铁合金及其氢氧化物的改进可以通过掺杂硫、氮、磷等元素来增强电导率；对于碳材料的改进则可通过与其他材料进行复合提升比电容；而对于Fe_3O_4的改进主要应该着重在电化学测试中控制体积变化的角度，如外层包覆材料等。

现如今通过外加磁场的方法来增强单电极以及电容器的性能是一个新的研究方向和思路，尤其外加磁场的方法具备一定的普适性，但其中机理的研究还不深入，未来在水系金属离子超级电容器外加磁场的应用及研究可作为一个重要的研究方向，其中磁场对于电极材料、电解质等方面的具体且深入的研究仍是非常具有价值，这也为未来对超级电容器性能的提升提出一种新的思路和方向。

未来，随着电能存储技术的市场需求增长和技术的不断创新，超级电容器具有广阔的应用前景。中国将在提高能量密度、降低成本、改进生产工艺等方面进一步发展超级电容技术。在新能源汽车领域，超级电容器可以与锂离子电池相结合，形成混合动力系统，使得汽车的续航能力和超低温性能都得到改善。在储能系统领域，超级电容器可以结合太阳能、风能等新能源，形成更加可靠、经济、环保的储能方案。

总之，中国超级电容技术具有广阔的发展前景和应用空间。其不断创新和推广，将有效地促进我国新能源产业的发展，推动能源转型升级进程的加速。

习　题

(1) 超级电容器的额定容量是如何测算的？
(2) 超级电容器与传统电容器的主要差别是什么？
(3) 与蓄电池相比，超级电容器具有哪些优势？
(4) 超级电容器的典型应用领域有哪些？
(5) 您认为中国的超级电容技术未来发展前景如何？

附录　工艺与质量管理规定实例

基于对产品质量管理、工艺实践等具体要求，合格的产品既要达到相关技术标准，也要满足用户的市场需求，这就需要了解相关企业管理规定和作业流程。经企业许可，本附录以安徽航睿电子科技有限公司的管理文件为模板进行编制。

1. 新产品研发管理

(1) 目的

为了更好地对新产品进行申请、设计、研发，同时在生产全过程中进行控制和管理，确保能高效有序地满足客户和市场对新产品的需求。

(2) 适用范围

适用于客户所需新产品的制作全过程控制。

(3) 职责

① 销售部

负责向顾客提供产品的详细需求信息，并参与产品设计评审和确认。

② 技术中心

A. 全权负责新产品开发项目。

B. 负责样品在生产过程中工艺执行情况的监督。

C. 负责组织新产品设计研发、样品材料的申报。

D. 负责组织产品设计各阶段验证、评审和生产过程指导。

③ 生产部

A. 配合技术中心工作。

B. 负责新产品材料的采购并及时回复材料交货期。

C. 负责新产品的领料、制作、报检、入库和新产品入库时及时通知技术中心。

D. 对设备工装夹具的符合性进行评审，并申报相关工装夹具。

④ 品质部

负责生产过程中工艺执行和监督，样品材料的检验和样品的出厂检验。

(4) 作业流程

样品制作流程见附表1。

附表 1　样品制作流程

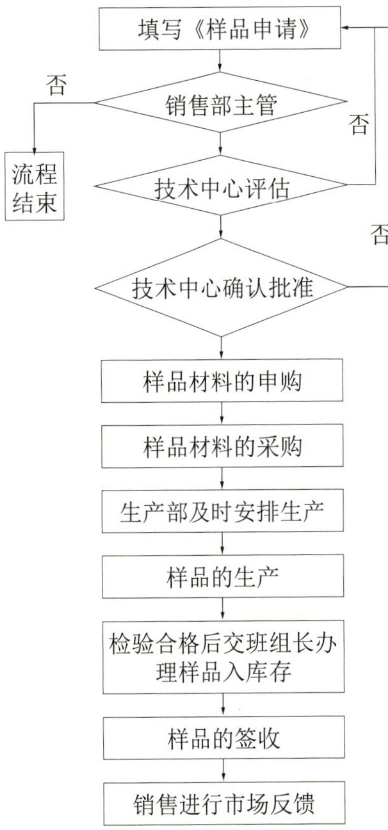

流　程　图	行动内容	责任人	完成时间	文档/表单
填写《样品申请》→ 销售部主管（否：流程结束）→ 技术中心评估（否：返回填写《样品申请》）→ 技术中心确认批准（否：返回填写《样品申请》）→ 样品材料的申购 → 样品材料的采购 → 生产部及时安排生产 → 样品的生产 → 检验合格后交班组长办理样品入库存 → 样品的签收 → 销售进行市场反馈	销售部跟单员根据客户的需求填写《样品申请单》	业务员	1 h内	《样品申请单》、新产品资料
	销售部主管、分管领导确认批准后传递至技术中心	销售部主管销售分管领导	1 h内	《样品申请单》、新产品资料
	技术中心根据客户的各种需求信息，进行新产品的评审	交流技术员、特种结构工程师、样品跟踪员(电气工程师)	8 h内	《样品申请单》、新产品设计资料
	技术中心副主任或总监对样品制作的可行性进行审核，分管领导批准	技术中心分管领导、副主任、总监	2 h内	《样品申请单》、新产品资料
	技术中心根据《样品设计方案》，结合仓库、生产线物料合理进行材料的申购。硬件符合性进行评审，必要时申报工装夹具，并回复生产周期	样品跟踪员	2 h内	《样品设计方案》《样品申请单》或《材料申购单》
	采购部根据《样品申请单》或《材料申购单》及时进行材料采购，并在《样品申请单》中回复材料交货期	采购主管	24 h内(新品48 h内)	《样品申请单》或《材料申购单》
	生产部接到技术中心《卷绕通知单》后应及时安排生产； 班组长根据“样品优先”原则安排生产，产品工程师进行关键技术指导	班组长、样品跟踪员	见 5.7 生产周期规定	《样品生产计划单》《样品设计方案》或《样品伴同卡》

续表

流　程　图	行动内容	责任人	完成时间	文档/表单
	品质部检验员负责对样品进行检验,经检验合格后交由班组长,及时办理入库	检验员、班组长	2 h内	《样品入库单》
	样品入库后,由技术中心通知销售部办理样品签收手续	样品跟踪员	2 h内	《样品申请单》
	销售部安排将样品送至客户,并对样品在客户处使用情况进行跟踪并将结果反馈至技术中心	业务员	后期跟进	样品 客户反馈

(5) 作业程序

① 制作申请和相关审批

销售部将顾客对产品的各种要求、产品性能参数及顾客资料,以书面形式送交技术中心,同时根据市场调研和分析结果,确认新产品申请制作,并提交《样品申请单》。当《样品申请单》中样品审批达到一定数量(交流产品单个客户达到50只、特种产品每台),须报销售部门领导批准。

② 产品审评

技术中心根据顾客的各种需求、信息,同时结合公司软、硬件状况,进行新产品的审评。审评结果有以下两种,分别为信息不全退回销售部以及有条件满足后确认可以制作并制定相应的技术规范。

详细步骤为

A. 产品规范提出、制定。

B. 技术中心根据顾客的各种要求、顾客资料及《样品申请单》将其转化成详细的技术资料。

C. 技术资料一般含以下内容:

a. 样品的规格、性能特性(环境条件、使用条件和安全等级等)。

b. 感官特性(式样、外形尺寸、颜色等)。

c. 安装布局和配合。

d. 特殊的材料及材料消耗。

e. 样品的标识。

f. 其他。

③ 审批反馈

技术中心根据本部门评审信息、顾客的各种要求、结合公司软、硬件状况、产品标准进行审核，技术中心副主任审核常规电容器，技术中心总监负责审核特种电容器，技术中心分管领导审批新产品的制作或授权技术中心副主任审批新产品的制作。评审结果有以下两种：

A. 不同意制作，将《样品申请单》退回销售部。

B. 同意制作，流程继续。

④ 新产品材料申报和采购

A. 经过设计、评审及技术中心分管领导批准，技术中心根据《样品申请单》和《样品设计方案》的内容在24h内将样品所需相关材料进行合理申报，如果需要工装夹具，由生产部设备科审核，可通过联络函方式通知生产部予以协助申报或制作。若技术人员申报不及时或申报错误，给予20元/次处罚。

B. 采购部应根据新产品《样品申请单》和《材料申购单》及时进行材料采购，并给技术中心和生产部在《样品申请单》等申请单中回复所需材料的交付周期，且于材料到公司前三天通报材料采购进程，材料到公司时立即通知品质部对材料进行检验，合格后方可入库。如遇材料采购困难时，应在收到材料采购困难信息两小时内向相关部门反馈。若因为采购不及时而导致样品交期延误的，应给予10元/次处罚。

⑤ 新产品(样品)生产、服务过程控制

A. 在所需材料的交货期能满足新产品正常生产后，由技术中心下发《卷绕通知单》，生产部接到《卷绕通知单》后，根据“样品优先”原则，第一时间安排生产并跟踪生产过程，同时生产部领取相关新产品所需的材料。若材料需要加工处理，由技术中心安排人员指导，生产部安排人员加工处理。若由于技术部指导不及时或相关资料未在规定时间内提供而导致生产失误的，给予10元/次处罚。

B. 班组长根据“样品优先”原则进行生产，若不配合而导致延误样品交期的，给予10元/次处罚。

C. 新产品生产过程中，若班组长对制作方法不清楚或遇到其他异常情况，应及时报至技术中心，由技术中心安排产品工程师进行技术指导，并记录《新产品跟踪记录表》。

⑥ 新产品检验、入库、发货

A. 由生产部报检，品质部根据“样品优先”原则，安排检验员对新产品进行检验，经检验合格后及时知会班组长办理新产品入库。样品入库时，品质部及时告知技术中心，并告知余下样品所放地点，同时由技术中心知会销售部办理新产品签收手续。

B. 销售员对新产品确认无误后，销售部及时安排物流送至客户处，并跟踪新产品在客户处的使用情况，并将相关信息反馈至技术中心。若销售部没有及时反馈客户使用样品信息的，给予20元/次处罚。

⑦ 生产周期

A. 在材料准备完善的情况下，常规新产品（交流电容器）生产周期不超过4个工作日。

B. 在材料准备完善的情况下，特种电容器产品生产周期不超过7个工作日。

C. 特殊原因影响生产周期，生产部应及时告知技术中心并附书面材料。

⑧ 其他事项

A. 填好样品单交技术中心进行生产安排，同时制作完复印一份交销售部。过程中统一由销售部进行监督，每月汇总上报至综合管理部，未在规定时间内完成，给予10元/单处罚，并进行公司通报。

B. 要求各部门在填写样品单时，请标注到当天的具体时间（年、月、日、小时、分钟）。

C. 在生产过程中，若出现任何意外情况延误样品交货的，生产部应及时通知技术中心，未及时通知的给予10元/次处罚，并由技术中心将相关情况以“OA（Office Automation）”形式通知销售主管，未及时通知的给予10元/次处罚。

D. 关于膜的异常由生产部两个小时内初步判定，判定不清由样品跟踪员最终判定，并在《异常反馈单》签字确定，一旦判定不合格，生产部应在当日内完成蒸镀，未蒸镀的，给予10元/次处罚。

（6）相关表单

《样品申请单》《材料申购单》《卷绕通知单》和《新产品跟踪记录表》中需要注意如下几项：

① OA中的样品评审流程中注明所需材料时，不写《材料申购单》。

② 纸质《样品申请单》中注明了所需材料时，不写《材料申购单》。

③ 其他情况下须写《材料申购单》。

2. 订单评审管理

（1）总则

① 制定目的

制定本办法为确保满足客户的各项要求，并形成文件，便于品质、交期管理。

② 适用范围

适用于本公司对客户订单的评审工作。

③ 权责单位

A. 综合管理部负责本规章制定、修改、废止之起草工作。

B. 总经理负责本规章制定、修改、废止之核准。

(2) 订单评审规定

① 评审权限

A. 销售部:评审订单交期、运输包装方式等各项要求,若不能满足客户之需求时,必须声明。

B. 制造部:评审人力、设备产能、物料供应进度能否满足客户交期要求,若不能满足时,必须声明。

C. 技术部:评审客户的产品规格要求和其他技术因素,在现有的技术条件、工艺设备状况下能否满足,若不能满足时,必须声明。

D. 品质部:评审产品的品质检验、试验、控制能力,若在生产开始前不能满足时,必须声明。

E. 财务部:评审从财务立场看本公司能否接受客户的购买单价及付款方式,并注明原因。

F. 总经理(或总经理授权人员):总体评审是否可以接受客户的订单。

② 评审方式

订单评审方式一般有会议评审、传递评审及授权评审三种。

A. 会议评审:

a. 新产品的首次订单,应采用会议评审方式。

b. 重大订单或客户要求特殊的订单应采用会议评审方式。

c. 会议评审由销售部负责召集各评审部门责任人员,一起讨论评审,各部门的评审权限不变,但可以互相检讨,提出合理化建议。

d. 由总经理(或总经理授权人员)做评审总结论。

e. 会议评审后仍需填写《订单评审表》,该评审表可于会上当场填写。

B. 传递评审:

a. 一般订单均采用表单传递评审的方式。

b. 销售部接获客户订单或订单意向后,将相关的订单信息填写于《订单评审表》上。

c. 销售部签署本部门评审意见后,将评审表依次报送至技术中心、生产部、财务部。

d. 各部门依本部门权限评审,并于接获评审表规定时间内完成评审工作并填写评审表。

C. 授权评审：

a. 非首次下单产品的老客户，并且其定制的产品与上次订单产品比较未作任何变更时，则由销售部将订单评审表直接转至生产部，授权生产部直接评审。

b. 生产部可代理技术、财务部门填写相关评审意见。

③ 评审结果

A. 若评审结果显示本公司能满足客户需求时，由销售部回馈给客户，各部门全力完成订单任务。

B. 若评审结果显示不能满足客户订单要求时，由销售部在订单评审表中汇总不能满足的项目及建议修订的内容，并反馈给客户。

C. 若客户同意修改订单内容，则由销售部请求客户重新发出新订单，并将客户新订单向各部门转达。

D. 若客户不同意评审建议，则公司内部应重新做会议评审，尽力达到客户需求，如重新评审仍不通过时，由总经理决定是否取消订单。

E. 评审中如发现客户提供的信息不足或不清晰时，由销售部汇总记录，并反馈给客户，再取得所需信息后再作进一步评审。

F. 订单评审表由销售部保存并归档，以用备查。

3. 订单评审流程管理

(1) 合同量产客户订单评审作业流程

合同量产客户订单评审作业流程如附表2所示。

附表2　合同量产客户订单评审作业流程

流　程　图	责任部门	责任人	跟进时间(h)	文档/表格
跟单员依据客户订单填写订单评审表	销售部	跟单员	0.5	《客户订单》、《合同量产订单评审表》
↓ 跟单主管审核	销售部	跟单主管	0.5	《客户订单》、《合同量产订单评审表》
↓ 书面评审	生产部 销售部	部长 主管	4	《合同量产订单评审表》
↓ 交期回复/确认	销售部	跟单员	4	《合同量产订单评审表》
↓ 跟单员分发归档	销售部	跟单员	1	《合同量产订单评审表》

（2）合同量产客户订单评审作业流程控制卡

合同量产客户订单评审作业流程控制卡如附表3所示。

附表3　合同量产客户订单评审作业流程控制卡

失控点	失控后果描述	控制点设计精要
订单评审流转时间	延误了下单时间，导致生产周期缩短，增加制造成本或导致延误交货	标准： 1. 要求客户传真订单时在订单上注明发单时间表，精确至小时； 2. 要求跟单员接受客户订单后半小时内填写《订单评审表》； 3. 要求跟单主管在半小时内审单完毕； 4. 要求生产部接单后12小时内审单完毕，其他部门半小时内审单完毕，总时间不超过13小时； 5. 生产部评审交货期如需销售部与客户再次确认，确认时间应在10小时以内，如超过，则生产交货期需重新评审
		制约： 1. 跟单主管根据客户传真件监督跟单员是否在规定时间内填写《订单评审表》； 2. 将跟单主管审单列入销售部考核项目，每周考核； 3. 各部门相互监督审单责任人是否在规定时间段内审完单

4. 采购作业流程管理

（1）采购收货作业流程

采购收货作业流程如附表4所示。

附表4　采购收货作业流程表

流程图	责任部门	责任人	跟进时间(h)	文档/表单
供应商送货	供应商	送货员	0.5	送货单
↓ 核对采购订单	生产部	采购员	1	送货单、采购订单
↓ 报送检	生产部	采购员	0.5	送货单
↓ 材料检验流程（不合格→不合格品处理流程）	品质部	IQC	4	送货单、检验报告
↓ 开单入库	生产部	采购员	1	送货单、采购订单
↓ 核对实物	仓库	仓管员	1	送货单、材料入库单、检验报告
↓ 库存卡填写	仓库	仓管员	0.5	库存卡
↓ 不合格品处理流程				

（2）采购收货作业流程控制卡

采购收货作业流程控制卡如附表5所示。

附表5　采购收货作业流程控制卡

项目	失控点	失控后果描述	控制点设计精要
1	收料数量失控	仓管员未严格按照入库单收料，导致库存增加，甚至形成呆滞库存	标准： 仓管员严格按照入库单中的数量收料，禁止超订单收料（材料入库单上要注明订单号）；仓管员核对送货单与实物数量
			制约： 生产计划监督仓管员是否按照入库单中的数量收料；将“仓管按单收料”列入仓库考核指标中，每周抽查考核
			责任： 仓管员未按照入库单进行收料作业，考核[①]是否符合《劳动法》，如有违反，罚10元/单；如造成经济损失，按照《赔偿管理制度》处理
2	收料时间失控	采购员未及时报检，或品质部未及时检验，导致到货材料延误办理入库，影响车间领料	标准： 以客户到货时间为准，采购员在到货半小时内报检；品质部接到采购员报检申请后，蓖麻油、环氧树脂、稀释剂、固化剂、阻燃剂等化工材料除外，在4小时内完成检验
			制约： 仓管员监督采购员是否按规定时间报检；采购员监督质检员是否按规定时间检验完毕
			责任： 采购员未按照规定时间报检，考核10元/单；质检员未按照规定时间检验，考核10元/单

注：目的为要求仓管员按入库单收料，控制超订单收料的现象；要求仓管员采购员及时报检，品质部及时检验，控制到货材料及时入库。

5. 领发料作业流程管理

（1）领发料作业流程

领发料作业流程如附表6所示。

（2）领发料作业流程控制卡

领发料作业流程控制卡如附表7所示。

① 此处“考核”代表对相关责任人进行损失认定。下同。

附表6 领发料作业流程

领发料作业流程				
流程图	责任部门	责任人	跟进时间(h)	文档/表单
开具领料单	生产部	领班	0.5	领料单、生产日计划
↓ 领料单审核	生产部	生产计划	0.5	送货单、采购订单
↓ 仓库核对	仓库	仓管员	1	送货单
↓ 备料	仓库	仓管员	1	送货单、检验报告
↓ 发料	仓库、生产部	仓管员、领料人	1	送货单、采购订单
↓ 库存卡填写	仓库	仓管员	0.5	送货单、材料入库单、检验报告
↓ 入账	财务部	仓管员、材料会计	0.5	库存卡

附表7 领发料作业流程控制卡

项目	失控点	失控后果描述	控制点设计精要
1	开领料单失控	领用量与《领料单》需求不符,导致生产缺料或车间物料积压	标准: 按照《生产日计划》物料需求开具领料单;其他部门从原料仓提取原材料,必须经仓管员确认,如影响生产进度仓管员需知会生产部部长
			制约: 生产计划核对领料单和生产日计划需求量的相符性;仓管员监督品质部在领用原材料时是否经确认
			责任: 领班未按要求开具领料单,考核10元/单;领班重开领料单,考核10元/单,且已发料责任仓管员,考核10元/单;未按照日生产计划审核领料作业生产计划,考核10元/单;品质部未经仓管员确认而私自领取样品原材料者,考核10元/单
2	发料数量失控	仓管员未严格按照领料单发料,导致生产线在滞留材料增加,甚至形成材料留失	标准: 仓管员严格按照领料单中的数量发料,禁止超单发料;仓管员保证发料按“先进先出”原则
			制约: 生产计划监督仓管员是否按照领料单中的数量发料;采购主管监督仓管员是否按照“先进先出”原则发料;将“仓管按单发料”列入仓库考核指标中,每周抽查考核

续表

项目	失控点	失控后果描述	控制点设计精要
			责任： 仓管员未按照领料单发料作业，考核10元/单；仓管员未按照“先进先出”原则发料作业，考核10元/单；如造成经济损失，按照《赔偿管理制度》处理

注：目的为规定按《生产日计划》需求开具领料单，预防重开单领料；要求仓管员按领料单发料，控制超计划发料的现象。

6. 退料作业流程管理

(1) 退料作业流程

退料作业流程如附表8所示。

附表8　退料作业流程表

流程图	责任部门	责任人	跟进时间(h)	文档/表单
开具退料单	生产部	领班、生产计划	0.5	退料单
↓ 退料单审核	生产部	部长、生产计划	0.5	退料单
↓ 品质判定	品质部	质检员	2	退料单
↓ 仓库核对	仓库	仓管员、退料人	2	退料单
↓ 入库	仓库	仓管员	1	退料单
↓ 账务处理	财务部	仓管员、材料会计	0.5	退料单

(2) 退料作业流程控制卡

退料作业流程控制卡如附表9所示。

附表9　退料作业流程控制卡

失控点	失控后果描述	控制点设计精要
退料不及时	导致物料核算不准确，库存量增大，甚至形成呆滞	标准：规定车间必须开《退料单》经质检员检验且在《退料单》签名确认方可进行退料；车间退料时必须标明(制令单号)物料ID及数量
		制约：仓管员监督《退料单》是否填写完整、规范；将“退料作业”列入考核项目，每周抽查考核

续表

失控点	失控后果描述	控制点设计精要
		责任：车间未在规定时间内退料的，责任领班考核10元/次；在退料手续不完整、不规范的情况接收退料的，责任仓管员考核10元/单；质检员未在《退料单》上签名确认的，按10元/单考核；造成经济损失的，按《赔偿管理制度》处理

注：目的为控制物料流转，减少公司损失。

7. 成品出入库作业流程管理

（1）成品入库作业流程

成品入库作业流程如附表10所示。

附表10 成品入库作业流程表

流程图	责任部门	责任人	跟进时间(h)	文档/表单
产品生产完成	生产部	车间员工	0.5	
↓ 开具报检单	生产部	车间员工	0.5	成品报检单
↓ 成品检验流程	品质部	质检员	4	成品报检单
↓ 合格 填写成品入库单	生产部	领班	0.5	成品入库单
↓ 实物核对	仓库	仓管员	1	成品入库单
↓ 入库	仓库	仓管员	1	成品入库单
↓ 账务处理	仓库	仓管员	0.5	成品入库单

（2）成品入库作业流程控制卡

成品入库作业流程控制卡如附表11所示。

附表11 成品入库作业流程控制卡

目的：更好的控制物料流转，减少公司损失；成品入库时，确保实物、数量与入库单一致			
项目	失控点	失控后果描述	控制点设计精要
1	超计划入库	影响订单交付和成品库存积压	标准： 规定按制令单上的制令单号、物料ID做成品入库处理；成品入库的数量上限为制令单数量；《成品入库单》需明确标明制令单号、物料ID、数量等

续表

项目	失控点	失控后果描述	控制点设计精要
			制约： 仓管员监督成品入库单的准确性；将超计划入库情况列入生产部考核项目，以备抽查
			责任： 发现超计划入库的情况，责任人考核10元/单，发现人奖励10元/单
1	实物、数量与入库单不一致	《成品入库单》填写错误，造成实物、数量、与单据不一致，延误仓库作业，影响发货	标准： 生产统计必须按实际入库实物、物料ID、数量填写《成品入库单》
			制约： 仓管员核对《成品入库单》是否与实物、物料ID、数量一致
			责任： 生产统计未按实际入库实物填写《成品入库单》，责任人考核10元/单；仓管员发现《成品入库单》与实物、物料ID、数量不一致时，奖励10元/单

8. 成品出库作业流程管理

(1) 成品出库作业流程

成品出库作业流程如附表12所示。

附表12　成品出库作业流程表

退料作业流程				
流程图	责任部门	责任人	跟进时间(h)	文档/表单
开具《销售出库单》	销售部	跟单员	0.5	销售出库单
审核《销售出库单》	销售部	销售主管	0.5	销售出库单
备货	仓库	仓管员	1	销售出库单
实物核对	仓库、销售部	仓管员、销售内勤	1	销售出库单
出货	仓库、销售部	司机、销售内勤	1	销售出库单
账务处理	仓库	仓管员	0.5	销售出库单、成品出库单

(2) 成品出库作业流程控制卡

成品出库作业流程控制卡如附表13所示。

附表13 成品出库作业流程控制卡

目的：保证货物出库到客户方的准确性		
失控点	失控后果描述	控制点设计精要
出库时单据和实物核对失控	导致出货数量、品号、规格与订单要求不符，无法满足客户需要	标准： 规定仓管员与销售内勤依单据与实物必须同时交接核对确认；规定物流公司在送货过程中需与客户交接核对产品型号、规格及数量；规定仓管员与销售内勤的交接手续当事人必须签字确认
		制约： 送货司机监督单据和实物是否同时交接；销售部跟单员监督出货时提货清单是否有仓管和送货司机签字；销售部跟单员监督货物送到客户方时单据和实物的一致性
		责任： 销售部跟单员发现销售出库单无仓管员和送货司机签字的，仓管员考核10元/单；销售部(根据客户反馈)发现所送货物单据和实物不符的，对仓管员、跟单员各考核10元/单；造成经济损失的，按《赔偿管理制度》处理

参考文献

[1] 党智敏. 储能聚合物电介质导论[M]. 北京:科学出版社,2021.

[2] 机械电子工业部. 电子设备用固定电容器第 17 部分:金属化聚丙烯膜介质交流和脉冲固定电容器:GB/T14579-93(IEC60384-17)[S]. 北京:中国标准出版社,1993.

[3] 谢波,廖煜. 有机薄膜电容器替代电解电容器应用分析[J]. 电子元件与材料,2013,32(8):11-13.

[4] 耿万青. 金属化聚丙烯薄膜电容器的特点及发展趋势[J]. 安徽科技,2007(1):52-56.

[5] 孔学东,恩云飞. 电子元器件失效分析与典型案例[M]. 北京:国防工业出版社,2006.

[6] 周晓航,方鲲,李玫. 国内外超级电容器的研究发展现状[J]. 新材料产业,2015(3):61-68.

[7] 任双赞,蒲路,黄国强,等. 电力电容器浸渍剂及电容器极对壳的局部放电测量研究[J]. 绝缘材料,2015,48(2):72-76.

[8] 景新文,刘向. 电容器卷制机中张力控制的研究[J]. 重型机械,2013(5):42-44,49.

[9] 薄鹏,曹瑞,徐琴. 柔性端电极多层瓷介电容器失效模式分析与改进措施[J]. 电子元件与材料,2023,42(6):750-756.

[10] 魏林. 基于智能电容器的新式无功补偿系统的应用研究[J]. 电工技术,2016(8):10-11.

[11] 米勒. 超级电容器:建模、特性及应用[M]. 北京:机械工业出版社,2018.

[12] 胡国富,黄蓉蓉,陶显升,等. 自愈式低压并联电力电容器防爆结构与可靠性研究[J]. 电力电容器与无功补偿,2014,35(2):19-23.

[13] 万才超,吴义强,李坚. 生物质基超级电容器电极材料:设计、制备和应用基础[M]. 北京:科学出版社,2021.

[14] 宋宝海. 浅谈低压并联电容器无功补偿[J]. 新疆有色金属,2013,36(S2):223-225.

[15] 王连波,杨永强. 低压并联电容器装置技术性能比较[J]. 黑龙江科技信息,2008,(20):51.

[16] 陈之勃,陈永真. 电解电容器原理与应用[M]. 北京:械工业出版社,2023.

[17] 虎尚友. 功率因数对企业供配电系统的影响及补偿装置在系统中的应用[J]. 中国金属通报,2019(11):129-131.

[18] 王凯,李立伟,黄一诺. 超级电容器及其在储能系统中的应用[M]. 北京:械工业出版社,2020.

[19] 杨南,张星,王建永. 高可靠性交流滤波电容器优化设计研究[J]. 电气技术与经济,2022(6):17-23.

[20] 彭寅章,王海云,张维宁. 特高压换流站交流滤波电容器组不平衡保护故障研究[J]. 电力电容器与无功补偿,2024,45(2):6-13.

[21] 三宅和司. 电子元器件的选择与应用:电阻器与电容器的种类、结构及性能[M]. 北京:科学出版社,2006.

[22] 陈国华,许积文. 新型电容器介电陶瓷储能材料[M]. 北京:化学工业出版社,2021.

[23] 周晨,陈波,李昊. 并联电容器串抗设备的早期故障预警分析[J]. 集成电路应用,2023,40(10):

388-389.

[24] 李金宇,汲胜昌,祝令瑜,等. 高压直流输电系统中交流滤波电容器的振动产生与传递机理[J]. 高压电器,2019,55(11):34-40.

[25] 谭康华,梁志刚,郭森,郭大德. 高比能脉冲电容器一些问题的探讨[J]. 电力电容器与无功补偿,2015,36(2):46-49.

[26] 林军昌,刘兵,哲东旭,王洪朋. 高压全膜脉冲电容器的试验探讨[J]. 电力电容器与无功补偿,2018,39(4):89-92.

[27] 金玲.高储能脉冲电容器的研制[J]. 电力电容器,2007(2):25-27.

[28] 叶海福,姚永和,于成龙. 高压脉冲电容器贮存敏感参数分析[J]. 电力电容器,2007,28(4):41-43.

[29] 齐玮,王冰,李振超. 金属化膜脉冲电容器寿命测试方法[J]. 电力电容器与无功补偿,2014,35(1):55-59.

[30] 全国电力电容器标准化技术委员会. 脉冲电容器及直流电容器:JB/T 8168—1999[S]. 北京:中国标准出版社,1999.

[31] 金长名. 铝电解电容器技术现状及发展趋势[J]. 电子技术与软件工程,2018(14):217.

[32] 刘泳斌,曹均正,黄金魁. 金属化膜电容器可靠性研究进展[J]. 电力电容器与无功补偿,2019,40(1):53-58.

[33] 李晔,范涛,李琦. 车用SiC电机驱动控制器用金属化膜电容研究[J]. 中国电机工程学报,2020,40(6):1801-1807.

[34] 王振东. 金属化薄膜电容器损耗的工艺研究[D]. 南京:南京理工大学,2008.

[35] 陈才明. 金属化薄膜电容器损耗角正切的测量与评价[J]. 电力电容器与无功补偿,2015,36(1):54-56.

[36] 全国电力电容器标准化技术委员会. 电力电子电容器:GB/T 17702—2021[S]. 北京:中国标准出版社,2021:5.

[37] 雷乔舒,何强,赵寿生. HVDC用交流电容器典型滤波支路谐波电流对电容器噪声的影响分析[J]. 电力电容器与无功补偿,2020,41(3):50-56.

[38] 储松潮,常庆阳,吴建章. 耐高温BOPP电容薄膜的开发和应用[J]. 电力电容器与无功补偿,2018,39(1):62-64.

[39] 陈晓丽. 交流电容器在空调中的应用与选型[J]. 家电科技,2015(10):58-60.

[40] 姚睿,沐运华,袁伟刚. CBB65型交流金属化薄膜电容器交流声的控制[J]. 电子元件与材料,2009,28(10):22-24.

[41] 马鑫晟,龙凯华,马继先,等. 特高压用交流电容器局部放电抽检试验技术研究[J]. 电力系统保护与控制,2018,46(3):145-151.

[42] 王永州. 金属化薄膜电容器自愈测试方法[J]. 电子世界,2016(13):118-119.

[43] 高扬. 谈几种电容器的检测方法[J].科技创新与应用,2012(15):32.

[44] 谢超,叶建铸,石延辉,等. 直流滤波电容器剩余预期寿命的试验研究[J]. 电力电容器与无功补偿,2017,38(2):87-93.

[45] 曹桂华,仲瑜. 金属化薄膜电容器自愈性分析[J]. 电子质量,2012(6):49-51.

[46] 全国电力电容器标准化技术委员会. 感应加热装置用电力电容器 第1部分总则:GB/T 3984.1—2004[S]. 北京:中国标准出版社,2004.

[47] 全国电力电容器标准化技术委员会. 感应加热装置用电力电容器 第2部分老化实验、破坏实验

和内部熔丝隔离要求:GB/T 3984.1—2004[S]. 北京:中国标准出版社,2004.

[48] 周鹏飞. MMKP81系列电磁炉用谐振电容器应用技术总结[J]. 电子世界,2016(10):119-120.

[49] 魏少鑫,金鹰,王瑾,等. 电池型电容器技术发展趋势展望[J]. 发电技术,2022,43(5):748-759.

[50] Luo X,Chen Y,Mo Y. A review of charge storage in porous carbon-based supercapacitors[J]. Carbon Materials:2021,36(1):49-65.

[51] Wang Y,Zhang B,Yang Y,et al. A new optimized control system architecture for solar photovoltaic energy storage application[J]. Ieice Electronics Express,2021,18(1):1-6.

[52] 张莉琼,刘超,肖睿. 生物炭材料应用于超级电容器的研究进展[J]. 新能源科技,2024,5(1):1-15.

[53] Zhu T,Song Z,Lin J,et al. Ion-pore size match effects and high-performance uril-carbon-based supercapacitors[J]. Electrochimica Acta,2022,13(8):405-421.

[54] Ariyarathna T,Kularatna N,Gunawardane K,et al. Development of supercapacitor technology and its potential impact on new power converter techniques for renewable energy[J]. IEEE Journal of Emerging and Selected Topics in Industrial Electronics,2021,2(3):267-276.

[55] Wang G,Zhang L,Zhang J. A review of electrode materials for electrochemical supercapacitors [J]. Chemical Society Reviews,2012,41(2):797-828.

[56] Wu Z,Li L,Yan J M,et al. Materials design and system construction for conventional and new-concept supercapacitors[J]. Advanced Science,2017,4(6):1600382.